听风吟

庐山古树名木故事集锦

胡少昌　邵友光◎主编

江西高校出版社

JIANGXI UNIVERSITIES AND COLLEGES PRESS

图书在版编目（CIP）数据

听风吟：庐山古树名木故事集锦 / 胡少昌，邵友光主编 . -- 南昌：江西高校出版社，2023.7

ISBN 978-7-5762-3450-3

Ⅰ.①听… Ⅱ.①胡…②邵… Ⅲ.①树木—庐山—普及读物 Ⅳ.①S717.2-49

中国版本图书馆 CIP 数据核字（2022）第 229424 号

出 版 发 行	江西高校出版社
社　　　　址	江西省南昌市洪都北大道 96 号
总编室电话	（0791）88504319
销 售 电 话	（0791）88517295
网　　　　址	www.juacp.com
印　　　　刷	浙江海虹彩色印务有限公司
经　　　　销	全国新华书店
开　　　　本	700 mm × 1000 mm 1/16
印　　　　张	15
字　　　　数	205 千字
版　　　　次	2023 年 7 月第 1 版
印　　　　次	2023 年 7 月第 1 次印刷
书　　　　号	ISBN 978-7-5762-3450-3
定　　　　价	138.00 元

赣版权登字-07-2022-1185

编 委 会

编　　者（按姓氏拼音排序）

白天军　鲍泽春　邓力维　冯　艳　何　畅　胡丽君　胡少昌　黄家辉
黄丽华　孔凡前　李鸿儒　李乐寰　刘雨冰　庐　俊　罗克红　罗　伟
彭松立　邵友光　沈　玲　童颖冰　涂序枝　万媛媛　王　隽　隗群英
徐　智　许　仕　叶芳菲　虞　强　张　雷　张　毅　章　蜜　赵为旗
钟雪莹　周庐萍　周佩祺　周晓红　邹　芹

摄　　影

胡少昌　宗道生　白天军　张　毅　章　蜜　周佩祺　凌文胜　徐　伟
张　雷　邹　芹　宗德欢　周庐萍　彭松立

序

———————— 陈政

一

吟，吟咏歌唱；风吟，风的吟咏与歌唱。

一群长年工作和生活在庐山且有情怀的人，忽一日，想到要为山里的树木作传写记，真的不简单，很不简单。

把树木当成人去相处，久了就会有感情。用自己的笔，写出那么多树木的"人生"况味、命运的沉浮、心灵的悸动，此举可以让更多的古树名木成为风景的一部分，使人们读后掩卷难忘，唏嘘感慨，不能说不是一件令人神往的事情。

与人类真正呼吸与共，且又从不打扰人类并对人类用心呵护的物种，恐怕只有植物了。

光合作用也罢，负氧离子也罢，都是植物代表大自然予以人类的特别恩赐。

但我们对于植物的反哺，却远远不够，远远不够。

是因为植物没有体态语言吗？还是不会撒娇不会客套不会嘘寒问暖呢？

其实，植物也有自己的语言方式和情感个性。

不少实验证明，树木也是有喜怒哀乐的。我妻子喜欢在家里养些花花草草，比如她养的富贵竹，我们在家时，就长得绿油油、胖嘟嘟的，一段时间不在家，没人照料，便萎靡憔悴、蔫头耷脑的。

相信其他生物都具有与人类同样的感受，那就是至善。

二

庐山上的每一棵树似乎都想和我说话。

与树相处久了，自然而然会生出这样一种心境。

心境转换，新的叙事萌生。

在我的印象里，人类所有的写作，几乎都与之前的叙事有所关联，也就是说，所有的作品都建立在与之前文本或语言的某种关系之中。

与树木的对话亦如是。

然而，毕竟对话的场景发生了巨大变化。

我们今天面对的山水，已经不是王维为之吟咏过的山水；我们今天面对的田园，也已经不是陶渊明为之悠然的田园。

古树名木，是一场场灾难之后的幸存者。

建立当代人与大自然之间的新型和谐关系，便成为一个个急切而重大的生态文明课题。

在这种观念的烛照下，自然界的一切，立即有了新的生命。

"上帝说要有光，就有了光。"（《圣经·旧约·创世纪》）

庐山的每棵古树名木，都是一个个活脱脱的生灵。

三

如果说思想观念的高端聚居地可以被称为"道场"的话，那么，我想古树名木的高端聚居地，也可以被称为"道场"。

佛教在中国有四大名山，分别是四大菩萨的道场。

五台山是文殊菩萨的道场，普陀山是观世音菩萨的道场，峨眉山是普贤菩萨的道场，九华山是地藏菩萨的道场。

四大道场分别象征佛教教义的四种基本精神：智、悲、行、愿。

文殊菩萨象征"智"，观音菩萨象征"悲"，普贤菩萨象征"行"，地藏菩萨象征"愿"。

庐山的古树，是见证过历史风云的；庐山的名木，是古今中外许多名人的朋友。将庐山作为中国古树名木的道场，实至名归。

一棵棵树，一个个美丽的故事；一根根木，一段段珍稀的记忆。

这些故事与记忆，有着充满大自然动态变化和相互关系的鲜明特色。

它们，在叙述生物多样性的重要作用，在控诉人类环境中心论的畸形影响。

把古树名木乃至普通的一花一草都当作自己的亲友看待，这个世界才会真正充满阳光。

庐山，古树名木的神圣道场，生态文明的模山范水。

四

本书的宗旨不是介绍植物形态，不是对植物进行分类，也与植物分布、植物起源和植物遗传研究无关。

这是一本介绍人与树木的关系史。

将古树名木一一列出，钩沉起与之相关的往事：一首诗，一幅图，一则小小故事，一个令人心动的瞬间。

以文献或口述或影像的方式，记录着与这棵树有关联的神话传说和名人逸事，引导人们学会与大自然对话，追求简单和谐的生存环境。

为古树立传，为名木作记，进行将植物置入文学语境的有益尝试。

从这个意义上看，我们将古树名木鲜为人知的另外一面展现出来，应该是文化软实力的生态体现，是庞大的博物学军团派出的先头部队。

庐山，作为世界文化景观，不能缺失生态文化这一片"新大陆"。

本书的编者与作者长期生活在庐山，他们与庐山的自然环境协同相生。对庐山古树名木的判断与理解，或许与外来的匆匆过客很不一样，但这并不妨碍他们将他们熟知的植物"对象化"。

所谓植物"对象化"，是指人将植物作为自己的对象。对象间相互依存、相互制约，人与植物因对象性关系而共生。

由是，这本书的意义不言而喻。

五

古树名木越多，生态环境越好，循环往复起来，就能改善各种生命体的生存状态，直至圆满。

与古树名木交朋友，好处多多。

树是长者。一般来说，树的生命比人的生命更长久。人到百岁，少之又少；树满百年，多之又多。

如果是一棵不朽的千年老树，给人的启示和教益则更多。

先是以静、以不言而寿，它让自己扎根大地并伸出枝叶去拥抱天空，尽得天地风云之气。

树的存在为人们贡献了自己的全部，从枝叶到花果根干，却从未向人们索取过什么。许多家禽家畜供人驱使食用，但同样也靠人喂养照料。但，树是用不着人养的。它只在大自然中随遇而安，姿态优美，出神入化。

到了古树名木阶段的大树，差不多都与天地风云融为一体了。它与山河共呼吸，取万物之精气，反过来又养育万物；得日月之灵华，到头来又反衬日月。

雨后树叶，清新可喜；禅房花木，曲径通幽。

庐山古树名木，心存万千景象，容纳世态人情；庐山古树名木，不输于岁月，不败于山河，有王者风范，是世上最美的风景。

且听风吟，听古树名木的喃喃低语，从嫩绿到鹅黄，从鹅黄到枯萎，从远古到如今。

——这就是诗，是洪钟大吕，是美学的另一种声音。

目 录
CONTENTS

第四辑

第一辑

1 仙人洞石松

◎邵友光

在庐山仙人洞进门处，有一面不长的石垒墙。墙门圆形，石门洞开，从圆门而入，可见一巨石崖，叫"蟾蜍石"。蟾蜍石横空兀出，石缝中野生一苍松，人称"仙人洞石松"。石松傲然挺拔，杆曲枝虬，针叶葱郁。游人至此，观白云飘荡，远山青黛，或歇步或留影，皆赞其景致殊美。

仙人洞因天然而成的石窟、傲立苍穹的石松成为风景名胜，更因毛泽东的一首题诗而扬名四海。

那是在1961年，中共中央在山上开中央工作会议，正值国内三年困难时期，国际上中苏关系破裂。

庐山石松
胡少昌／摄

毛泽东不畏国际风云突变，高举反帝反修旗帜。会议期间，毛泽东为李进（江青化名）同志摄仙人洞照，赋《七绝·为李进同志题所摄庐山仙人洞照》一首，充分表达了他这时的感受。诗云：

　　暮色苍茫看劲松，乱云飞渡仍从容。
　　天生一个仙人洞，无限风光在险峰。

　　毛泽东的这首诗发表后，很快为全国人民知晓并传诵。仙人洞因此名声大振，仙人洞石松也逐渐成为庐山著名品牌。当时，各种纪念章、香烟都以"石松"为名称或商标。庐山石松由此享誉天下。

庐山石松
胡少昌／摄

2 庐山桂与白居易

◎邵友光

　　庐山桂，历来不寻常，很早就出现在文人墨客的笔下。早在唐代白居易于江洲（今九江）任司马时，就用极大的热情赞美了它。

　　他在《浔阳三题并序》①中云：

　　　庐山多桂树，湓浦多修竹，东林寺有白莲花，皆植物之贞劲秀异者，虽宫圃省寺中，未必能尽有。夫物以多为贱，故南方人不贵重之。至爇爨其桂，剪弃其竹，白眼于莲花者。予惜其不生于北土也，因赋三题从喑之。

庐山桂

　　偃蹇②月中桂，结根依青天。

　　天风绕月起，吹子下人间。

　　飘零委何处，乃落匡庐山。

　　生为石上桂，叶如翦碧鲜。

---

　　①《浔阳三题并序》包括三首诗，即《庐山桂》《湓浦竹》《东林寺白莲》。本文只引《庐山桂》一首。

　　② 偃蹇：高耸。

枝干日长大，根荄①日牢坚。

不归天上月，空老山中年。

庐山去咸阳，道里三四千。

无人为移植，得入上林②园。

不及红花树，长栽温室前。

　　诗中所言，庐山桂，高贵傲慢，是月亮上的桂花树种。落入人间的庐山桂，在石缝里生长，枝繁叶茂，根系坚牢。庐山桂，本应登帝王宫苑大雅之堂，这时却无人问津。

---

① 根荄（gāi）：植物的根。
② 上林：汉代宫苑名，在长安。

何桥桂花
张毅／摄

1200 多年过去了，白居易诗中的庐山桂不知近况如何？

如今那些寻常的桂花树，飘香于村村落落、家家户户。名贵的古桂树，庐山也有。据《庐山古树》画册记载：狮子庵有一棵宋代双狮桂，树龄 1000 余年，胸围 3.75 米，高 9.5 米；秀峰寺双桂堂前有两棵，树龄亦在千年以上，胸围 2.3 米，高 15 米；栖贤寺院内有一棵桂花树，树龄 500 余年，胸围 1.85 米，高 12 米。

3 五株柳与陶渊明

◎邵友光

柳树，属于杨柳科落叶乔木，是我国最常见的树种之一。柳树的寿命一般较短，通常 30 年后就逐渐进入衰老期，极少数的种类可以超过 100 年。但在庐山有特例，如东林寺的"驿站柳"，树龄 700 余年；大塘陶家坂的一棵古柳，树龄 200 余年。当然，庐山最有名的柳树，当为陶渊明的五株柳。

晋代诗人陶渊明曾任彭泽县令，在职 80 多天便弃职而去，从此隐居庐山脚下。陶渊明非常喜爱柳树，亲自在田边水畔广植柳树，以柳会友，怡然自得。尤为有趣的是，他特地在门前种了五棵柳树，自号"五柳先生"，并著有《五柳先生传》说明称号来源："先生不知何许人也，亦不详其姓名，宅边有五柳树，因以为号焉。"

陶渊明还常常在柳树下衔觞赋诗，他所写的"榆柳荫后檐，桃李罗堂前""荣荣窗下兰，密密堂前柳""梅柳夹门植，一条有佳花"就是诗人爱柳的真情流露。

1928 年 4 月 9 日，胡适游庐山时在归宗寺写下了《陶渊明和他的五柳》。诗云：

当年有个陶渊明，不爱性命只贪酒；
骨硬不能深折腰，弃官归来空两手。
瓮中无米琴无弦，老妻娇儿赤脚走。

陶渊明

唐豪 / 绘

先生高吟自嘲讽，笑指门前五株柳：

"看他风里尽低昂，这样腰肢我没有！"

此诗借"五株柳"歌颂陶渊明不与世俗同流合污、不为五斗米折腰的高尚情操。

陶渊明故里位于江西九江避暑胜地庐山的南麓（今栗里村），已成为遗迹。他宅边的五株柳也已无迹可寻，但"五柳先生"的名号已深入人心，他的山水田园诗也千古流传。

4 董奉杏林

◎邵友光

　　董奉，字君异，侯官（今福建闽侯）人，东汉末年至三国时期著名医家。他与张仲景、华佗齐名，世称"建安三神医"。相传，董奉晚年在庐山南麓修道行医，留下了许多脍炙人口的济世救人的故事，如"妙手活燮""浔东斩蛟""草堂求雨""敷浴治疖"等。最有名的是他在庐山种杏林的故事。

　　据葛洪《神仙传》卷十记载："君异居山间。为人治病，不取钱物，使人重病愈者，使栽杏五株，轻者一株。如此数年，计得十万余株，郁然成林。"董奉长期隐居庐山，为山民治病。他行医不取酬金，每治好一个重病患者，便要病家在山坡上栽五棵杏树；治好一个轻病患者，便要其栽一棵杏树。年复一年，治愈病人无数，园子里杏树也早已成林。

　　庐山杏树，非北方杏，而是银杏，俗称白果。银杏营养价值高，含有多种营养元素，除淀粉，有蛋白质、脂肪、糖类，还有维生素 C、维生素 B_2（核黄素）等，当年可称奇果，食之可强身健体。为此，十里八乡富庶人家前来买杏，供不应求。董奉为此定下规矩："一盆米倒入米仓，即可盛装一盆杏子。"当时，人们以米换杏，又取杏果而返，无人监督，全凭自觉，如现在的无人超市，且相安无事，成为一道文明的乡约。

　　但是以米换杏，久而久之，有人缺斤少两，有人以贱米充数，更有人空手取杏，这可如何是好？

　　据《庐山志》记载，董奉曾在山中遇见一只病虎，经诊断，老虎被骨头卡住喉咙，不能进食，疼痛难忍。董奉不但医术高明，又有手段，他以一竹筒套在手上，伸入虎口，拔掉骨头，使老虎痊愈。不几天，老虎知恩图报，听从董奉的驯教。又过几天，董奉让老虎一心看守那片杏林。

此后，有人以米换杏，照规矩一盆米换一盆杏，老虎睡在杏林中，一动不动，任其换之。如果有人以贱米换杏，老虎就起身吼叫一声，换杏人不得不罢手。如果有人以半盆米换一盆杏，老虎便追赶其人，杏果多会撒落。当换杏人到家一称，余下的杏果又如米同样的重量。

有了虎守杏林，兑换又恢复了往日的秩序。

汉末群雄纷争，战争连年不断，又值连年灾害，千里沃野，颗粒无收，难民无数，靠乞讨度日。

董奉便把杏果交换来的粮食，用以赈灾。

这样，在那个乱世年代，董奉在杏林边天天为民治病，病愈者天天在杏林边种杏。杏林在不断扩大，十亩百亩，千亩万亩。万亩的杏树春天开花，秋天果实累累。又有老虎恪尽职守，维护以米换杏的秩序，粮食不断地囤积，储积百库千仓。每年有数万的四处逃荒的饥民来到庐山，他们磕头礼拜，接受董奉的慷慨无私的赈灾，这种情形不知持续了多少年。

董奉行医不取钱物，以杏果兑米赈灾，其功德无量。庐山民间称他为仙师、董神人，杏林即成了圣地。从此，人们用"杏林"称颂医生，以"杏林春暖""杏林春满""誉满杏林"等赞颂医生高明的医术和高尚的医德。

据说，董奉在庐山的杏林有几处遗迹，分别是庐山下莲花洞、归宗寺、通远董村。

近年来，庐山周边植树志愿者为了纪念董奉，弘扬董奉杏林文化，四处筹资种杏。其中，九江市收藏协会组织倡导在莲花洞森林公园种杏：一人种十株杏苗，且在石碑上刻上种杏人的名字，并准备将此活动坚持下去。他们五十多人，一人种十棵，十人种百棵，若干年以后，这里将又成为一片杏林。

5 李白与庐山云松

◎邵友光

　　云松多出现在高山峻岭之中，出现在庐山五老峰上，也出现在李白的诗里。李白一生都热爱名山大川，对庐山的感情尤深。他曾多次来此游览，安史之乱后，更是隐居在了庐山五老峰下，曾写下名诗《登庐山五老峰》。诗云：

　　　　庐山东南五老峰，青天削出金芙蓉①。
　　　　九江秀色可揽结②，吾将此地巢云松③。

　　李白说，从山下看，五老峰在庐山的东南，在阳光的映射下，犹如青天削出的一朵金光灿烂的芙蓉花。在山上望，九江一带的秀丽景色一览无余。如此佳境，他将要在这云雾缭绕的松树间，筑起一个寻仙访道的家。

　　庐山的云瞬息万变，时而团团如轮，时而飘飘如丝，时而绵绵如雪，时而漫漫如絮，千姿百态，妙不可言。五老峰的松在云雾弥漫之时，彩云缭绕，忽隐忽现，真是松在虚无缥缈间，如同仙境一般。难怪诗仙李白要在此云海松间逍遥隐居，求仙问道。

---

　　① 金芙蓉：金黄色的芙蓉花。五老峰山色黄而秀丽，所以用金芙蓉来比喻。
　　② 揽结：采集、收取，此指一望无余。
　　③ 巢云松：谓隐居于云松之间。"巢"在这里作动词，有做巢的意思，引申为隐居。

五老峰迎客松
宗道生 / 摄

6 报国寺古玉兰

◎白天军 虞 强

　　庐山报国寺内有一棵古玉兰树，有 800 余岁，报国寺为宋代寺庙，位于庐山报国垄之侧，距离通远古驿站不远。传说为岳飞手植。寺庙历经各朝各代，曾遭兵燹，又屡建屡毁，如今仅存山门一座，古朴静雅，而古玉兰依然静静地守护在山门外，时近千年。

　　据史载，报国寺于北宋乾德年间为名僧约之创建。当时名叫白云寺，有前殿、后殿、禅堂、斋堂、套房。

　　南宋绍兴二年（1132 年），民族英雄岳飞奉皇帝赵构之命，率大军进驻江州（今九江）。他选择庐山西麓附近地区为其兵营及家属驻地。一日，岳飞率部属多人到通远驿察看营地时，特地慕名到白云寺礼佛。驻足寺前，他目睹善男信女川流不息地来寺烧香拜佛，又有四方僧众慕名而至，这些情景使岳飞深受感动。看到这寺庙几经风雨已经破损不堪，却络绎不绝有前来寺烧香拜佛的乡人，岳飞心生好奇。经过打听方知，原来，他们来此庙求神保佑，为的是祈求应对各乡正在流行的一种可怕的瘟疫。岳飞知情后，他也来到殿堂焚香敬拜，并许上一愿，求神灵保佑各军营将士身体安康，不被瘟疫侵染，随即捐银修葺寺庙。

　　此后的一年里，各军营安然无恙。从此，岳飞经常敬拜此寺，与僧人一道赏景、吟诗、下棋、研讨佛经。传说有一天，岳飞亲手种植一棵樟树和一棵白玉兰树。

　　香樟叶香，玉兰花香，岳飞以此表明自己的高洁之志。多年后，四方僧众举行白云寺修缮庆典法会时，经江州知府衙门和乡绅们一致决定，

修缮白云寺以纪念岳飞，特在大殿前重和后重的门头上，各悬挂一块"有求必应"和"精忠报国"的镏金大匾，并将白云寺改名为报国寺，将寺前下侧"泉水垄"改名为"报国垄"，"报国"之名沿用至今。

这棵古玉兰仍生长在报国寺山门外。

此树古朴苍劲，高大挺拔。每年三月，进入盛花期，花开时似冬日白雪压满枝头，既香飘四溢，又有纯白洁净之美。

玉兰树是中国著名的花木，是南方早春重要的观赏树种。玉兰花外形又极像莲花，盛开时，花瓣展向四方，树干亭亭玉立，身姿娇艳，具有很高的观赏价值，又是美化庭院之理想植株。除了观赏价值，玉兰树还有很高的药用和食用价值，有祛风散寒、宣肺通鼻的功效。

如今时光转瞬近千年，古寺早已破败不堪，英

报国寺古玉兰
白天军／摄

树高：30 米
胸围：3.2 米
冠幅：20 米 × 20 米
树龄：800 余年

雄岳飞早已作古。可这棵古树依然沐浴着阳光，形似一位品质高洁的隐士，北望秀美的庐山，在不断地诉说着千年古寺和岳飞一生精忠报国的传奇故事。

7　简寂观六朝松

◎邵友光

　　简寂观内曾有 14 棵六朝松，传说为东晋陆修静（407—477）手植。简寂观的六朝松，其形态清代文人潘耒在《游庐山记》中云："龙鳞雪干，蔽日干霄。"清吴阐思在《匡庐纪游》中云："偃者拂地，耸者入云。虬枝古干，图画所不能写。"

　　由此可知，简寂观的松树，枝条虬龙拖地，主干高耸入云。关于古松的形态，也有"百岁秃顶竹，千年垂地松"的谚语。

　　北宋时期苏辙到此，留有《游庐山山阳七咏·简寂观》一诗，云：

> 山行但觉鸟声殊，渐近神仙简寂居。
> 门外长溪净客足，山腰苦笋①助盘蔬。
> 乔松定有藏丹处，大石仍存拜斗余。
> 弟子苍髯年八十，养生世世授遗书。

　　苏辙走进这山林中，发觉连鸟儿的叫声都这样特殊，简寂居可真是一个神仙居所。那清澈的长溪，可洗净游人沾有泥土的脚。山腰边的苦笋，是上等的佳肴。在一棵棵六朝松下，一定储藏着仙丹妙药。在大块石头上，还留有礼拜北斗星的遗迹。那年逾八十的弟子，正在讲授着养

---

　　① 苦笋：简寂观有名的山中佳味，古有"简寂观中甜苦笋，归宗寺里淡咸菜"之说。

生求道的经典。

可见，当年有那六朝松的简寂观，是这样一个修仙求道之地、神仙居所。据载，当时观内有听松亭、白云馆、朝真馆、炼丹井、捣药臼、洗药池及礼斗石。观后的布袋崖，传说为陆修静升仙之处。

南宋之初，简寂观遭到金兵和李成之流的劫掠，逐渐走向衰败。南宋理学家朱熹后来到此处，见到简寂观的六朝松，面对其衰败的景象，抑郁地写下《分韵得眠意二字赋醉石、简寂各一篇呈同游诸兄》，节选如下：

> 天秋山气深，日落林景翠。
>
> 亦知后骑迫，且复一流憩。
>
> 环瞻峰列屏，迥瞩泉下濞①。
>
> 永怀仙陆子，久挹浮丘②袂。
>
> 于今知几载，故宇日荒废。
>
> 空余醮坛石，香火谁复继。

这时的简寂观内香火不旺，萧条不堪。朱熹环顾四周，追思故贤，而先贤已逝，唯有那14棵六朝松尚在。

到了清代，简寂观更加破败荒凉。曾有清人成光赋作《简寂观古松》为证。诗云：

> 累何匡山松，阅历万霜雪。
>
> 铁干入云根，乔枝逼天阙。

---

① 濞：水暴发之声。

② 浮丘：传说黄帝时仙人。

高士昔手植，倏忽共峻洁。

丹经几被读，瑶草肆采掇。

鸾鹤久寂寞，虬龙转突兀。

桂楫隔千里，矫首清兴废。

所期怀古微，殷勤戒剪伐。

诗人此时所见到的简寂观，虽衰败寂寞已久，但六朝松依然挺拔，枝干苍古，高高耸立，状如虬龙。

清代诗人商盘作《简寂观》，表达对六朝松的怜惜之情。节选如下：

演经捣药已无踪，古观丹崖翠壁重。

要识庐山先辈面，含情一抚六朝松。

时至民国，简寂观更加荒凉。一说，观内道人生活日益贫困，直至取六朝松松脂卖于贾人，致使古松渐萎坏损。一说，是道观长年无主，因山火和人为砍伐而致萧条，长此以往，观内的 14 棵六朝松荡然无存，连树根也不知踪迹，令人扼腕叹息。

简寂观今址上的马尾松
张毅 / 摄

8 庐山高石坊边的三尖杉

◎邵友光

庐山山南有冰玉涧，涧中有冰玉乡、冰玉村。庐山有个隐士叫作刘凝之，北宋天历年间中进士，为颍上令。他40岁辞官归庐山落星湾务农，过着田园生活。

欧阳修与刘凝之为同榜进士，他对刘凝之弃官归田的节操十分钦佩，于是赋诗歌咏。诗名为《庐山高赠同年刘中允归南康》，简称《庐山高》。诗云：

庐山高哉，几千仞兮，根盘几百里，截然屹立乎长江。长江西来走其下，是为扬澜、左里^①兮，洪涛巨浪日夕相舂撞……

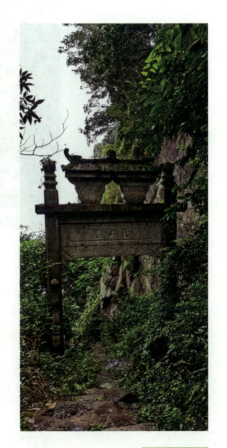

庐山高石坊

---

① 扬澜、左里：都昌老爷庙与星子羊栏之间鄱阳湖水域。"左里"，又作"左蠡"。

庐山高旁三尖杉

　　欧阳修表面歌颂的是庐山，其实是在隐喻刘凝之，赞美刘凝之如庐
山一样高峻挺拔、高风亮节。

　　其诗最后又写道：

　　君怀磊砢有至宝，世俗不辨珉①与玒②。策名③为吏二十载，
青衫白首困一邦。宠荣声利不可以苟屈兮，自非青云白石有深

---

　　① 珉：似玉的美石。

　　② 玒：玉名。

　　③ 策名：科试及第。

趣，其气兀硉①何由降。丈夫壮节似君少，嗟我欲说，安得巨笔如长杠。

在中国传统文化中，圣贤所说的养浩然正气，做顶天立地的大丈夫，"富贵不能淫，贫贱不能移，威武不能屈""三军可夺帅，匹夫不可夺志之"，表达的正是刘凝之这种士大夫气节。

刘凝之宁愿穷困于乡里，也不愿进入浑浊腐败的官场，秉持一身浩然正气。欧阳修予以极大地赞美。

在许多来过这里的游人看来，这棵临风伫立、傲然不群的三尖杉，就像是高节清风的刘凝之。

① 兀硉：突兀，高耸状。此处喻其气节。

9 东林寺六朝松

◎邵友光

　　东林寺的六朝松为罗汉松，位于神运殿前，树旁有一石碑，上有清代闵孝庆刻的"六朝松"3个字。

　　六朝松相传为净土宗的创始人东晋慧远禅师手植。据同治《化志》记载："在左院，晋慧远手植，迄今婆娑可爱。"慧远禅师（334—416），东晋高僧，雁门楼烦人（今山西宁武附近）。早年博通"六经"，尤善老庄。后从道安出家，虔诚奉佛，研读般若学。因北方战乱，慧远南迁江西，"见庐山闲旷，可以息"，遂寄住龙泉寺。东晋太元十一年（386年），慧远在江州刺史桓的资助下创建庐山东林寺，后以东林寺为中心，倡导弥陀净土法门，与十八高贤共结莲社，发愿共同往生西方净土世界。东林寺由此成为当时南地的佛教中心，也成为净土宗的祖庭之一。

　　千百年来，仰慕追随慧远、陶渊明、陆修静等人的文化学者络绎不绝，留有璀璨的诗文，使庐山成为一座人文圣山。

　　六朝松长于东林寺，历代文人大家多有记录。唐代诗人芦雁称这棵六朝松为"庐山第一松"，"独木自成林"。古层冰《草堂丛书》也有记载："寺有神运殿，灵迹所寄。前有松焉，厥名罗汉。火焚中空，色如冻梨。枯而复荣，不知凡几。萌蘖之生，亦遭短折。然其孙枝继起者，今郁然中天。诸松之中，罗汉最难长。有植之者，十年才长尺余。以此为度，此松为千年以上物何疑。然责实无可验，姑称六朝，其亦可以惬心矣。"

　这棵六朝松颇为有趣，它与东林寺共兴衰，寺衰败，松即枯萎；寺复兴，松复繁荣。现在东林寺的六朝松，虬枝铁干，树影婆娑，松针密茂，虽历尽沧桑，仍生机勃勃。

东林寺六朝松
胡少昌／摄

树高：17米
胸围：4.1米
冠幅：12米 ×12米

10 李氏山房与雄白果树

◎胡少昌　鲍泽春

往海会寺半山途中的
雄白果古树

树高：23米
胸围：3.6米
树龄：近千年

　　从庐山"鸟儿天"去海会寺山道的半途中，有一开阔的平场，场上有一棵雄白果树。白果树高大挺拔，主干粗壮，树干边如"儿孙绕膝"，枝干蓬生无数。

　　这平场上据说原有一座宋时古庙，

叫白石庵（后称白石寺）。庙中流传着李常读书的故事。

李常（1027—1090），字公择，江西建昌（今江西修水）人。他出身于一个普通农家，少年时寄宿在庐山五老峰下白石庵僧舍中埋头苦读。李公择刚到白石庵时，就亲手在寺前种下那一株白果苗。

在寺中读书时，他因经济条件拮据，无钱购书，只得借书边背诵边抄录。此过程中，他不但追寻书籍的源头，还探求书中的真意。如此认真执着地坚持了十数年，他终于应试考中进士，金榜题名。

李常离开寺前，看着书房中自己亲手抄录的书籍，数一数，竟然有9000余册。如此之多，他自叹不已！

李常及第做官，曾任吏部尚书、户部尚书、御史中丞、龙图阁直学士。

李公择把9000余卷书留在寺中，"将以遗来者，供其无穷之求"。僧舍也俨然成了一个初具规模的图书馆，成为宋朝著名的藏书馆。山中人称之为"李氏山房"或"公择山房"。苏轼与李公择为好友，曾作《李氏山房藏书记》，曰："余友李公择，少时读书于庐山五老峰下白石庵之僧舍。公择既去，而山中之人思之，指其所居为李氏山房。藏书凡九千余卷。公择既已涉其流，探其源，采剥其华实，而咀嚼其膏味，以为己有，发于文词，见于行事，以闻名于当世矣。"李氏山房遂扬名于天下。

白石寺今已倾圮，仅存颓垣残基。寺前这棵雄白果树，却粗枝叶茂，亭亭如盖。

11 秀峰寺罗汉松与佛印

◎邵友光

秀峰寺双桂堂前有两棵古罗汉松，一边一棵，据说是苏轼好友佛印法师当年来此讲经时所栽。

佛印（1032—1098），江西浮梁人，法名了元，宋代云门宗高僧。佛印禅师幼如神童，两岁能读《论语》。十余岁出家，拜宝积寺日用为师。

在佛印禅师住持庐山归宗寺时，苏轼正被贬在黄州。黄州在长江北岸，归宗寺在长江南岸，隔江相望。苏轼时常坐船过江，找佛印禅师谈禅论道。两位大才子言谈甚欢，惺惺相惜，相见恨晚。会晤的次数多了，他们二人友谊也日渐增进。交往中他们时常开一些揭示禅理的玩笑，后来成为佛门的千古佳话。

有一天，二人坐禅，苏轼穿起大袍，坐在佛印的对面。两个人对坐一会儿，苏轼头脑一转，问佛印道："你看我坐着，像个什么？"

"像一尊佛！"

佛印心平气和地答道。

苏轼听了，心里很是得意。可他看佛印胖胖堆堆，想打趣他一下："但我看大师你，你知道是什么吗？"

佛印禅师静静地问："是什么？"

苏轼连讥带讽地答道："像一堆牛粪。"

苏轼答后看了一眼佛印禅师，却见佛印眼观鼻，鼻观心，岿然不动地端坐着。苏轼为此感到飘飘然。

苏轼回家后跟苏小妹提起此事。

苏小妹却冷冷对哥哥苏轼说："就你这个悟性还参禅呢，你知道参禅的人最讲究的是什么？明心见性，你心中有，眼中就有。佛印说看你像尊佛，说明他心中有尊佛；你说佛印像堆牛粪，想想你心里有什么吧！"

经小妹指点，苏轼才恍然大悟，惭愧不已。佛印心中有佛，心中有眼中就有，苏轼不得不自叹修行不如佛印。

佛印禅师深谙佛法，在庐山时经常传经布道。有一天，他来到秀峰寺讲经说法，临走时受秀峰寺主持请求，在大佛殿前，种下了两棵罗汉松，后人称二松为佛印松。

这二松如今900多年了，苍老的树干上，皮已脱落，但二松依然挺拔，枝繁叶茂。

秀峰罗汉松
章蜜／摄

12 海会寺的迎客枫

◎胡少昌　邓力维

在庐山海会寺的山门边，有一棵古枫香树，当地人叫它庙前枫树。此树高大挺拔，枝条遒劲，新枝老叶团团簇簇。每当深秋，枫叶通红一片，映红了山门旁的半边天。

这棵枫香树与山门相得益彰，枫香树掩映着山门，如守护神，而古老低矮的山门，更加衬托出枫树的古朴伟岸。在枫香树与山门之后，是一座古老的海会寺，再往后就是那巍峨的五老峰。这景致极美。

据说这棵枫香树站立在此已有600多年，见证了海会寺近300年的兴衰，迎送过不知多少香客和名人大家，因此又被人们称为"迎客枫"。

维新志士康有为就来过庐山海会寺三次。

1889年，第一次"公车上书"失败后，时称"士人领袖"的康有为第一次来到海会寺。这天，这棵迎客枫如一位守门人，见康有为到来，随着徐徐的清风，满树的枫叶在沙沙作响。

康有为与寺中至善大和尚见面，二人彻夜交谈，十分投机。他们忧国忧民，相见恨晚。至善主持把寺中的至宝——赵孟𫖯的《妙法华严经》真迹和心月和尚的《五百罗汉像》手镌拓本，给康有为欣赏。康有为称赞之际，赋以《夜宿海会寺赠至善上人》一诗，赠予至善。诗云：

开山诛茅五老峰，手植匡山百万松。

荡云尽吸明湖水，招月来听海会钟。

海会寺山门旁的枫香树

张毅 / 摄

树高：30 米
胸围：4.34 米
冠幅：30 米 ×18 米
树龄：600 余年

初地雨花驯白牯，阴崖石气郁苍龙。

读书无处归来晚，桂树幽幽烟雾重。

此诗随后被装裱并挂入丈房寮壁上。至善又吩咐众徒弟要妥善保管。第二天康有为离开海会寺，二人依依不舍，至善大和尚送客，山门边的这棵迎客枫，似乎知人意，俯枝欣然相送。

1918年，29年过去，康有为因逃亡第二次来到海会寺，这棵迎客枫又笑迎来客。它似乎知道这位客人重要的身份，满树通红的叶子迎风招展。

这次是方丈慕和和尚接待的他，当被问起至善大和尚时，慕和说他已经圆寂。康有为心中十分悲痛。慕和又拿出至善高徒普超禅师的81卷《华严经》血书，让康有为观看。这是普超禅师用15年破指尖血写的血书，康有为得知后肃然起敬，赞道：了不起，了不起。康有为见到寮壁上挂的《夜宿海会寺赠至善上人》的诗仍然还在。多少年过去，至善和尚对他还是如此敬重，感动之余，他又在此诗补上一段题跋，云："以善继之血书华严同尊之，敬之，护之，保之。"同时补笔："五老排云待我日，似曾相识客重来。"

1926年，康有为第三次来到海会寺。当他走进山门，看到这棵迎客枫还在，但无往日光采，只有光秃秃的树干及少数枝叶在寒风中萧瑟地抖动着。

康有为得知，因连年战争，政局动荡，寺庙面临困境。为了解决众僧侣的生存问题，他慷慨地在温泉附近购置田地十余亩，作为海会寺寺产，寺庙每年用此租金，维持日常开支。

康有为离开海会寺时，众僧侣感激万分，他们合十相送至山门，这棵迎客枫也在萧瑟的寒风中不断地摇枝相送。

康有为三次与海会寺僧侣深情交往，这棵迎客枫是唯一的见证树。

13 陈三立与庐山植物

◎邵友光

陈三立在庐山松门别墅居住的4年（1929—1933）里，为庐山文化事业做出了很大贡献，这也与庐山植物有着千丝万缕的联系。

为花木取美名

云锦杜鹃（原名天目杜鹃），常绿灌木或小乔木，是我国中亚热带东部的特有品种，是中山地带矮林的景观优势树种，多分布在海拔850~1200米的林缘河谷边。

云锦杜鹃为庐山著名花卉。云锦杜鹃原先并未有此称谓，1930年近代著名诗人陈三立寓住庐山，他非常喜爱那秀立于潺潺溪畔、怪石身旁、婆娑绿叶间那红飞霞飘、灿若云锦的杜鹃，赋诗赞赏它"杂花眩红

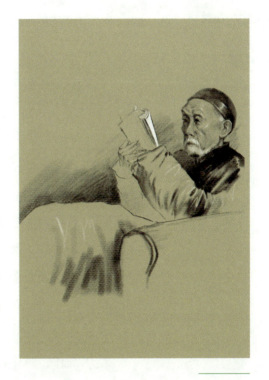

陈三立像
唐豪 / 绘

雪后的
松门别墅

白，艳夺桃李色"。他又取黄山谷诗句"锦上添花"之意，将之尊为"云锦花"。

1933 年，吴宗慈在庐山纂修《庐山志》，特请庐山植物园创始人胡先骕撰写"庐山植物"部分，他便把此花写入《庐山志·植物卷》中，特列为条目："云锦杜鹃"。他还请专人为云锦杜鹃绘制画作，画作在《庐山志》中仅此一幅，并加注："牯岭附近溪涧常见此花。"陈散原老人名之曰"云锦花"，取其形状美丽之意。

1961 年，叶圣陶先生在庐山疗养，见此花很美，便即兴填词《蝶恋花·云锦杜鹃》。其上阕云：

五月庐山春未尽，浓绿丛中，时见红成阵。耀眼好花初识认，杜鹃佳品云锦。

云锦杜鹃青枝绿叶，密集枝头，黄芯灿烂，花开时花色或灼白或粉红，放眼望去，既素雅又娇丽，宛如一团团的云锦飘浮在山中。

自陈三立取名以后，花贵名美，有轰动效应，随即庐山各大公馆、各别墅花园争相购买，成为庐山一时的美谈。原名"天目杜鹃"，却少有人称呼了。

云集"三宝树"

庐山柳杉，又称中国柳杉，古称宝树，常绿乔木，特产于中国华东地区的浙、赣、闽三省。据《庐山古树》画册记载：柳杉古树庐山保存五棵，其中黄龙寺两棵与另一棵古银杏，合称"三宝树"，旧称"三棵树"。

三宝树有史以来见证集中文化大家最多的一次，是陈三立在山居住期间，特邀请主张"唯识论"的欧阳竟无上山著书讲学那次。前来听欧阳竟无讲学的，大部分是全国一流的大学者和社会名流。

欧阳竟无在山居住数月，空闲时又游览庐山景区，他们到过王家坡碧龙潭，还去过黄龙寺、三宝树。

在当地博物馆内的一张照片中，前排坐的左一为陈三立，右二为欧阳竟无，后排左五为徐悲鸿，右二为李一平，等等。

当年，他们都是欧阳竟无的听课者，非同一般人物。

文化大师们云聚一堂，三宝树从此更加闻名。

断定"花径"遗址

1930年，张之洞门生、陈三立好友李拙翁，在石工手中发现了一块刻有"花径"二字的石块，请陈三立考证。为此，陈三立多方考察，小

三宝树与陈三立等人

心求证，断定这二字是唐代大诗人白居易在庐山吟咏桃花时留下的手迹。

为保护遗迹，陈三立和李拙翁及其他诗友立即筹资购地，在大林寺下侧的谷地，即发现二字的巨石附近兴建花径亭，又在周边兴建了景白亭、花径石牌坊。陈三立亲自撰写《花径景白亭记》，记录了发现石刻、建亭的过程。李拙翁在花径石门手书"花开山寺，咏留诗人"联刻。

后来，他们又辟园种上桃树，百株千株，几年之后桃树蔚然成林，每逢春天，桃花盛开，争相斗妍，游人如织。白居易流传千年的咏桃花诗，又在桃花盛开的林中被咏颂。《大林寺桃花》诗云：

人间四月芳菲尽，山寺桃花始盛开。

长恨春归无觅处，不知转入此中来。

至此，庐山又恢复一处古老的风景名胜——花径。

"虎守松门"

陈三立上庐山后住在牯牛岭尾松树路以南的一栋两层别墅里。别墅位于河南路 602 号，四周怪石嶙峋，万松挺立，幽雅清静，陈三立称之为"松门别墅"。别墅咫尺之处，有一天然巨石，形如猛虎，卧立于山路旁。

1930 年，陈三立伏在这巨石上题刻四个遒劲的大字"虎守松门"。陈三立的这一神笔，注入了抗战文化的内涵。虎，指全国民众，松门即国门，意在唤起全国民众死守国门、誓死抗战，不让日寇越雷池一步的意识。后来，这块巨石又被称为"伏虎石"。

1933 年夏，东北边防军马占山副司令由天津南下抵达庐山，在这伏虎石边，吟就了《游匡庐有感》一诗。诗云："百战赋归来，言游匡山麓。爱此嵌崎石，状如於菟状。摩挲舒长啸，狂飙振林木。国难今方殷，国仇犹未复。禹迹遍荆榛，恐汝眠难熟。何当奋爪牙，万里食飞肉。"此诗充满爱国豪情，以期唤醒激励国人奋勇抗日杀敌之心。后此诗被刻在伏虎石上。

1938 年 10 月庐山被日寇包围，庐山孤军抗日守山独立团将领喻味斋，在松树林里的伏虎石上刻下"山叠千重"四个字以明志，抱定众志成城的决心，鼓舞民众抗日。

1938 年冬，庐山保卫战中的守军军官冯祖树，也在其石头南侧，题刻"月照松林"四字，寓意国泰民安，宁静祥和。

松门别墅附近的
黄山松

　　踏上这松树路（又叫万松林），沿山径一步一景到牯岭街，即可见满
山遍野的松树。它们根须遒劲，枝干挺拔，针叶葱郁，一个个如卫国守
土的坚强战士，屹立在"虎守松门"之前。

　　虎守松门、伏虎石、月照松林，从此成为抗战精神的宣讲台，又成
为著名的风景点，还是中秋赏月的佳地。

第二辑

1 锦绣谷中话瑞香

◎胡少昌　李鸿儒

庐山有一山谷，叫锦绣谷。此处不是说如今的锦绣谷，而是旧锦绣谷。其位置在佛手岩下。据《庐山小志》记载：

> （锦绣谷）在佛手岩下，晋僧慧远莳药处。自锦涧桥上至钟鼓岩，迂回曲邃，约十里许，瑶草琼花，红紫烂漫，唐时东林僧藏文殊像，常出光明云瑞，亦名金像现瑞谷。

锦绣谷中的"瑶草琼花"应有瑞香花。它的花名，有个来由。据北宋学者陶穀编撰的《清异录》记载：

> 庐山瑞香花，始缘一比丘昼寝磐石上，梦中闻花香酷烈，不可名，既觉，寻香求之，因名睡香 。四方奇之，谓乃花中祥瑞，遂以瑞香易睡。

瑞香花在庐山有了佳美的花名，于是文人墨客用各种形式，不断地赞誉它的香色姿韵，使瑞香花渐渐闻名于世。

瑞香花其香浓烈，经久不散，一香即香遍四野。

有赞美它花香的，如宋范成大诗云：

紫云癯绣被，团栾覆衣篝。

浓薰百和韵，香极却成愁。

瑞香花的香，与众不同，香到极致，竟然让人生愁。

瑞香全树花开时，片片绿叶烘托着簇簇花团；花团个个呈半球状，一个花团由数个花朵和花苞簇拥而成；一花朵开有 4 片花瓣，花色淡白中透红，红黄花蕊点缀其中；个个花苞，如含苞欲放的郁金香，不可言它们不美。

关于瑞香花的气韵苏东坡最有感触，他在

庐山马耳峰
毛瑞香
张毅 / 摄

《西江月·真觉赏瑞香》中赞美过瑞香花。词云：

> 公子眼花乱发，老夫鼻观先通。领巾飘下瑞香风。惊起谪
> 仙春梦。　　后土祠中玉蕊，蓬莱殿后鞓红。此花清绝更纤秾。
> 把酒何人心动。

东坡先生，不但把瑞香花的香、色、姿描写得这样贴切入微，而且也道出了花的迷人的韵味，"谪仙春梦"表达了他对瑞香花倾心的赞美。

瑞香花的美誉极高，有人曾把它与牡丹花相比，有"牡丹花国色天香，瑞香花金边最良"的赞语。

2 归宗梅与青芝老人

◎张 雷

归宗梅石刻
张雷/摄

牯岭菱芦桥石崖边有一石刻，上面刻着这几个字：

归宗梅

民国十五年冬青芝老人移植

归宗梅，指归宗寺中的梅树。青芝老人，是

原国民党政府主席林森的自号。

据林场知情的老人回忆，1926年冬末的一天，林森下山去了一趟归宗寺，寺中住持招待了他。林森临走时，见寺院中一棵小梅树嫩叶勃发，含苞欲放，即停步观赏，有些爱不释手。住持见林森喜欢，就把这棵梅树送给了他。

林森遂把这棵梅树带上山，但当时他在庐山还没有自己的房子，就把它种在去黄龙寺的必经之道荚芦桥（老桥）的不远处，并在梅树边的石壁上刻上"归宗梅"三个字，还落了款。

翌年春，这梅树开花了，还是一棵白梅呢！这梅花傲雪怒放，香气袭人，过往行人见了无不赞赏。等看到这石刻字，他们便知道了这是林森老人移种的白梅。

20世纪60年代前，梅树还在，有很多庐山老人都见过，如今只有这一石刻留存。

3 三石梁与桂花树

◎胡少昌　黄丽华

唐代大诗人李白在《庐山谣寄卢侍御虚舟》中写道："庐山秀出南斗傍，屏风九叠云锦张，影落明湖青黛光。金阙前开二峰长，银河倒挂三石梁。"诗中所说的"三石梁"，是庐山的仙境。它到底在庐山什么地方呢？千百年来人们不断地在寻找它，有人说有，有人说无，至今难以确定。

据说庐山三石梁旁边有一棵桂花树，《述异记》对此有记载：

> 咸康中，江州刺史庾亮迎吴猛至州。猛将弟子登山游观，过梁，见一老人坐桂树下，以玉杯盛甘露与猛。猛饮其半，以其半饮诸弟子。又进至一处，见玉宇金房，辉彩眩目，多珍宝玉器。有数人与猛共言若旧识，为猛设玉膏。弟子窃一宝欲回示世人，梁即化，纤细如指。猛使还宝，梁复如旧。

根据上述传说，吴猛等人登临庐山，经过三石梁，并看见一老人坐在桂花树下。这里交代了三石梁的自然环境，旁有桂花树。那是不是在庐山上找到了桂花树，就能找到三石梁呢？当然还要考察三石梁的特点和地理位置。据明代桑乔撰写的《庐山纪事》中的《纪游集》记载："九叠屏有三石梁，其长数丈，其广不盈尺。横绝青冥，人罕能至。"此处表明，三石梁在九叠屏，长有数丈，宽不足一尺。"横绝青冥"，说明三石梁是横跨在半空，一般山顶不会形成这种景象。

　　庐山山顶上鲜有桂花树。有的人认为，如果找到了山顶的桂花树，就有可能找到三石梁。民间传说，五老峰四峰与五峰之下疑为"三石梁"。

在五老峰四峰与五峰之下的"三石梁"

4 大天池上的偃盖松

◎邵友光

大天池偃
盖松局部

庐山的大天池，四处可见古寺台阁、巉岩峭壁，其地多生古松。古松以偃盖松而闻名，又以大天池的龙首崖、文殊台、天池寺的偃盖松为胜。自古以来，多少文人墨客前往大天池观赏偃盖松，渐成为时尚雅兴，并留有诗文传世。

龙首崖峭如龙首，龙首崖的偃盖松，似龙角龙须。整体为凌空欲飞势，做腾云驭雾状。周景式在《庐山记》中描述："石门涧北之龙首崖，即松柏崖，南临石门涧。自涧中仰视之，离离如骈尘尾，号尘尾松，又称佛手松，即偃盖松。"

在文殊台——王阳明曾夜观佛灯吟诗的地方，有数株偃盖松，自古闻名，令无数文人墨客联想万千，诗兴勃发。明代诗人张时彻诗云："文殊台前百尺松，枝枝诘曲盘虬龙。松根云雾须臾起，化作天边千万峰。"

天池寺的偃盖松自古享有盛名，李宗昉《游记》云："四仙祠前为文殊台（非今处），一偃盖松大百围，峙台端，下临不测。"又有桑乔《庐山纪事》记载："（偃盖松）叶短异于常松，数百年物也。"

大天池昔日的偃盖松今已无存。吴宗慈在《庐山志》中写道："余

特访此松，已乌有矣。询寺僧，言民国初年松仍在，
至十三四年时，为樵者盗伐，鬻之大林冲某宅，今尚
存，然失其地势，碌碌无奇矣。"

　　有老人言，盗了庙里一根草，一世还不了。

　　如今文殊台下几株偃盖松，虽然非昔日之松，但
也有百年光景。它们树干遒劲，皮如龙鳞，翠叶条
疏，匍匐垂地，上枝秃顶，宛如伞状，实为稀有。

5 赛阳古驿道边的九杪樟

◎胡少昌　白天军

　　庐山西麓赛阳镇有棵古樟树，在刘家大屋边，名叫九杪樟。赛阳有乡谚："里有三桥，桥有五孔，樟有九杪。"是说在赛阳古驿道上，从前，一里路有三座古桥，一座桥有五个孔，一棵樟树有九个树杪，说的就是这棵有名的九杪樟。

　　刘家大屋对面有座葛家山，葛家山出了个葛公子。他家很有钱，与九杪樟有关。葛公子的传说和故事也有很多。

　　传说一：

　　从前，葛公子家的樟树边有块田，叫蛤蟆丘。蛤蟆丘出好稻谷，就是蛤蟆太多。每到傍晚蛤蟆就叫个不停，吵死人了。葛公子怕吵，想把这田卖掉。他便宜卖张三，张三不要，说蛤蟆吵人。找到李四，并说田不要钱，李四不要，也说蛤蟆吵人。最后，他找来王二，又说田不要钱，还倒找十块银洋，王二这才勉强要了，他说不怕蛤蟆吵。有人问："葛公子你卖了蛤蟆丘，蛤蟆就不吵你了？"葛公子说："我把田都'卖'了，要吵就会吵别人家呵。"

　　传说二：

　　有老人家说了，从前，九杪樟树下有只乌龟，吃甲村的谷，到乙村屙屎，所以甲村穷，乙村富。甲村人知道了，就要把这个乌龟打死，乌龟却摇身一变，变成一只金乌龟。

　　金乌龟行踪不定，人们不知道它藏在什么地方。

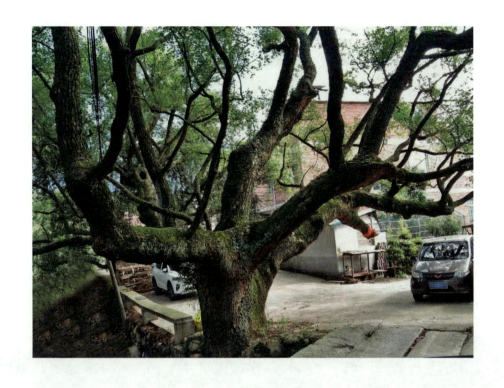

有一天清早，葛公子在九秒樟树下乘凉。忽然，一只野兔子（旧时传说中的发财引路物）一蹿，从他身边一晃就不见了。葛公子感觉奇怪，大清早的，怎么会有野兔子，怎么明明看到了转眼又不见了？他就围绕着这棵九秒樟，找啊找，还是没有见到野兔子。他又走近樟树边，发现了一个树洞，仔细一听，洞里还有响动。于是，葛公子悄悄地走过去，一手伸进洞中，兔子扑通一声，从洞中逃出，留下他的手在树洞中。奇怪的是，葛公子的手老半天不肯拿出来，原来，他摸啊摸，摸到一树洞的金子。这下不得了了！当他抽出手来，手掌中

赛阳刘家大屋
九秒樟

053

是一颗颗亮闪闪的金子，葛公子就在这天发了财。

九杪樟里面原来还有个藏金洞哇。

原来那树洞就是金乌龟的窝。它在洞里屙了屎，金乌龟屙的屎就是金子。

（受访者：胡业国，赛阳人，71岁。）

离古樟不远的
赛阳古桥

6 厚朴树下的钢琴声

◎胡少昌 涂序枝

早在 1896 年，牯岭开发之始，庐山来了一位美国基督教主教，名叫络根·赫伯特·鲁茨，中文名叫吴德施。他是中国汉口圣公会鄂、湘、皖、赣四省主教，在中国传教 42 年。鲁茨主教是中国共产党人真诚的朋友，为中国人民所尊敬，因而被誉为"红色主教"。鲁茨主教在武汉曾掩护周恩来两次脱险：1927 年 7 月，周恩来赴南昌领导"八一起义"期间；1931 年周恩来去瑞金领导工农红军期间。多年来，鲁茨不遗余力地帮助共产党，对中国革命做出过重大贡献。

当年鲁茨主教在武汉和庐山两地往返，牯岭中四路老房 92B 号是他的家。1911 年，鲁茨主教大女儿弗朗西斯·鲁茨在庐山出生。他在房前种了一棵凹叶厚朴树以示纪念。弗朗西斯·鲁茨少年时在牯岭美国学校读书，1928 年在美国读中学，1932 年又回到中国。

弗朗西斯·鲁茨自幼热爱音乐，她拜了一位俄罗斯侨民为钢琴老师。她一生创作了大量的钢琴曲，与庐山有关的有两首：一首《亲爱的中国》是为她的母校牯岭美国学校谱写的；另一首是著名的《庐山组曲》，这让中国庐山的名声响彻世界。

弗朗西斯·鲁茨不仅是出色的作曲家，还是著名的钢琴演奏家。她与理查德·M.哈顿结为夫妻，经常同台演奏双重奏。人们习惯称她为"哈顿夫人"。

20 世纪 60 年代中期哈顿夫人应邀到中国一次，中美建交时又来一

中四路凹叶厚朴树

树高：23 米
胸围：2.98 米
树龄：110 余年

次，均由周总理精心安排，并在全国访问演出，取得极大的成功。特别是在 1972 年 10 月 3 日的庆祝国庆节音乐会上，哈顿夫妇把自己创作的钢琴双重奏《庐山组曲》的第一次公演献给了中国人民，这具有重大的历史意义。

20 世纪 80 年代中期，70 多岁的哈顿夫人专程上了庐山，管理局一行人接待了她。一上山，她直奔中四路的旧居，在凹叶厚朴树前激动不已。她扶着树干告诉在场的人："这棵凹叶厚朴树，是我父亲在我出生那天种的。我有多大年纪了，它就有多大年纪。"

在场人看着她这位老人又看看这树，无不为之感动。

临走时，哈顿夫人送给管理局一盒磁带，这是她精心录制的《庐山组曲》。这盒磁带表达了她对故乡、对庐山的一往情深。

如今倾听《庐山组曲》，主旋律是当年庐山石工们抬石头建房、一声声喊唱的劳动号子。乐谱上滚动的小标题为：《庐山之歌》《溪流山城》《山脚之路》《山峰》《山谷》《摇篮曲》。

鲁茨主教于 1945 年与世长辞，享年 75 岁。哈顿夫人于 2000 年去世，享年 89 岁。鲁茨主教为中华民族的独立、自由、解放做出过重大贡献，哈顿夫人又通过音乐加深了中美两国人民之间的深厚友谊。如今庐山牯岭中四路那棵一丛五杆、根深叶茂、高大挺拔的厚朴树尚在，见证着中美两国人民的深厚友谊。那里似乎还回荡着《庐山组曲》的钢琴声……

7 通远种苗场的古樟树

◎胡丽君

通远种苗场有一棵粗壮的古樟树。它老态龙钟，却枝繁叶茂，是圆通寺遗留的产物。

有次家里人聊天时，听奶奶讲起古樟树的故事：

那是 1938 年，学校边那棵古樟树还在。金桥（金官桥）那一边，中国士兵和日本鬼子在打仗，天天飞机大炮，不分日夜。金桥离我们通远不远，我们都听得到。突然，大炮声停止了。不久，一队中国士兵抬着伤员到了通远，在这棵古樟树下停歇。中国士兵在山上砍毛竹，借门板、竹床、大蔑筛搭棚子，建起临时医务所。我们看到，大棚子里躺满了中国士兵的伤员，一个一个大棚里，不知伤员有多少。

后来才知道，他们是从金桥老虎山撤下的中国士兵。老虎山的仗打了七天七夜。

第二天，天还蒙蒙亮，前头阵地的中国士兵突然撤退，经过这棵古樟树。因时间来不及，主力部队不得不放下这批伤员往前走，几个大棚子的伤员，没有人守护了。

不久，日本鬼子就追了上来，见大棚子里满是伤员，就用机枪扫射。一阵枪响之后，他们担心有装死的伤员，又一个个用刺刀补刺。大棚里血流成河，惨不忍睹。

第二天，日本鬼子又叫汉奸逼村民，把伤员的尸体，一个个抬着，就堆在古樟树下，浇汽油点火，树下浓烟滚滚……

通远种苗场的
古樟

奶奶讲的故事中，古樟，是日本鬼子残杀抗日受伤士兵的见证树。

父亲接着讲起认古樟做娘亲的风俗：

我们这一带村庄有个习俗，叫"接亲娘"。自家的小孩算命若算出有八字弱的，就想方设法四处"接亲娘"，可增添福气，保佑小孩无病无灾，健康成长。他们"接亲娘"，有接菩萨的，有接亲朋好友的，有的人没有接到，就干脆接石磉、接古树。这棵古樟树就不知有多少人接过。

认古樟做亲娘时，要把小孩生辰八字写在红纸上，装进铁盒后深埋树下。当夜深人静时，要备供品，焚香祷告，念念有词地说："樟树长又长，能育好儿郎。樟树粗又粗，能育儿封侯。"这是有文化的人念的。没文化的干脆念道："樟树粗，樟树长，我儿认您做亲娘。"

若论亲娘，古樟，它不知道做过多少人的亲娘。

如论辈分，古樟，它可是太太太……婆辈分了。

村里人说这棵古樟，是棵长寿树。它身材魁梧，胸围要几个人环抱。它是棵神树，一定会保佑他们的孩子。

前几年，新建南山园门。古樟离大门百米，它撑开庞大如盖的树冠，每天笑迎着天下来客，把荫凉送给每一位客人。

每当节日时，村里人会给它身上挂满彩灯。当夜幕降临，在欢声笑语中，它的每一盏灯都在灿烂地闪烁着，如天幕中亮晶晶的星星。

8 会唱歌的水杉

◎周佩祺 章 蜜

水杉是一种古老的植物。国外科研人员先从化石中发现了它，曾一度认为它已经灭绝，只能在化石中探究它的形态。1948 年，中国的植物学家胡先骕和郑万钧在湖北某地发现了水杉，一时震惊了世界。

后来，胡先骕对水杉进行长达四年的繁殖培植，获得成功，又一次引起植物学界的极大震

植物园水杉
周佩祺／摄

动，随后有 50 余个国家、170 余个地区引种水杉。

为了纪念水杉的发现，胡先骕欣然写下长诗《水杉歌》：

　　　　纪追白垩年一亿，莽莽坤维风景丽。特西斯海亘穷荒，赤道暖流布温煦。陆无山岳但坡陀，沧海横流沮洳多。密林丰薮蔽天日，冥云玄雾迷羲和。兽蹄鸟迹尚无朕，恐龙恶蜥横駊娑。水杉斯时乃特立，凌霄巨木环北极。虬枝铁干逾十围，肯与群株计寻尺？极方季节惟春冬，春日不落万卉荣。半载昏昏黯长夜，空张极焰矇眬。光合无由叶乃落，习性余留犹似昨。肃然一幅三纪图，古今冬景同萧疏。三纪山川生巨变，造化洪炉恣

鼓扇。巍升珠穆朗玛峰，去天尺五天为眩。冰岩雪壑何庄严，万山朝宗独南面。冈达弯拿与华夏，二陆通连成一片。海枯风阻陆渐干，积雪沍寒今乃见。大地遂为冰被覆，北球一白无丛绿。众芳遁走入南荒，万汇沦亡稀剩族。水杉大国成曹邻，四大部洲绝侪类。仅余川鄂千方里，遗子残留弹丸地。劫灰初认始三木，胡郑研几继前轨。亿年远裔今幸存，绝域闻风剧惊异。群求珍植遍遐疆，地无南北争传扬。春风广被国五十，到处孙枝郁蓁苍。中原饶富诚天府，物阜民康难比数。琪花琼草竞芳妍，沾溉万方称鼻祖。铁蕉银杏旧知名，近有银杉堪继武。博闻强识吾儒事，笺疏草木虫鱼细。致知格物久垂训，一物不知真所耻。西方林奈为魁硕，东方大匠尊东璧。如今科学益昌明，已见泱泱飘汉帜。化石龙骸夸禄丰，水杉并世争长雄。禄丰龙已成陈迹，水杉今日犹葱茏。如斯绩业岂易得？宁辞皓首经为穷。琅函宝笈正问世，东风伫看压西风。

胡先骕将此诗投稿《诗刊》，却未被采用。这事被陈毅元帅知道了，他对此诗大为赞赏："胡老此诗，介绍中国科学上的新发现，证明中国科学一定能够自立，且有首创精神，并不需要俯仰随人。诗末结以'东风伫看压西风'，正足以大张吾军。此诗富典实，美歌咏，乃其余事，值得讽诵。"

胡先骕先生对此十分感激。随后《水杉歌》和陈毅的"读后记"在《人民日报》同时发表，一时引起轰动，不但使水杉这一重大发现为普通民众所知晓，而且提高了植物学家胡先骕先生的知名度。

9 "五百美金"树

◎周佩祺

　　庐山植物园有一棵珍贵的欧洲水青冈树。它是植物园原主任、植物学家陈封怀从国外购买引种的。

　　陈封怀（1900—1993），中国植物园创始人之一。关于创建植物园，他认为要做到中外结合，古今结合，科学与艺术结合，既要有丰富的科学内容，又要有美丽的园林外貌，还要有发展生产的意义。他创建的或工作过的，有庐山、南京、武汉、华南等植物园，建园时都体现了这一重要的理念。

水青冈
周佩祺／摄

　　陈封怀是引种的大家，他先后在国外引种驯化西洋参、糖槭、檀香、白树油、欧洲山毛榉、神秘果等特殊植物和观赏植物，极大地丰富了中国植物资源。仅裸子植物，陈封怀便引种栽培了11科37属270余种，使庐山植物园成为国内当时引种裸子植物最集中、最丰富的场所。

　　1936年，陈封怀先生在英国留学时，为了把名贵的欧洲水青冈树种引入祖国，他平时省吃俭用，用节省下的生活费500美元，几经周折，从爱尔兰买下树种引种在庐山植物园，并栽培成功。后来，由于时局动荡，该批树一迁再迁，加之其他种种原因，到1949年中华人民共和国成立时，这批树仅剩下一棵，如今孑然一身伫立在庐山植物园内。

如今，这棵树虽然生长得不是很茂盛，但它岁岁开花结果，泛紫飞红。由于它是陈封怀亲手引种的，那一批树又仅存这一棵，所以弥足珍贵。员工们爱戴老主任，亲切地称这棵树为"五百美金"。

水青冈
张毅／摄

10 庐山乌桕树

◎邵友光

庐山秋冬见红叶，山下乌桕几占多。乌桕，是一种落叶乔木。庐山人又叫它"木子树"，称呼里饱含人们对乌桕的情感。

乌桕树全身是宝。乌桕籽表面附有一层白色蜡质，叫作"桕蜡"，可提炼制作皮油，供制高级香皂、蜡纸、蜡烛等。种子可榨油，供制油漆、油墨。其木质坚韧致密，可做木车、家具、农具、雕刻用材。根、皮、叶均可入药。乌桕树还是一种观赏植物，其树冠整齐，叶形秀丽，秋叶经霜后，通红一片。陆游曾在诗中赞誉："乌桕赤于枫，园林二月中。"庐山山麓，冬天的红叶多为乌桕。入冬红叶落遍，满树的木籽，又白满了头，有乌桕鸟在树上不停地飞绕。

庐山山麓为什么到处生长着乌桕，还流传着一个神话传说。据说，很久以前，庐山脚下是一片汪洋大海。有一年，海水退去，东海龙王的小公主背着父王下凡到了人间。龙王就派妻兄青、赤、黄、白、乌五龙去寻找。

其中，乌龙摇身一变，变成一个樵夫，扛着一根扁担，带着绳索，来到庐山山麓间寻找。他找啊找，来到了一个村庄，在村口老远处就闻到阵阵酒香。乌龙贪酒，闻着酒香就进了酒铺，随手放下扁担、绳索，叫喊着店老板端酒上菜。店老板正是小公主，她一眼就认出是她五舅，佯装不知，心想：五舅肯定是奉父王之命，前来捉拿自己的。小公主悄悄地在酒坛子放了一把乌桕籽粉，然后端上桌。乌桕籽粉掺

北山公路乌桕树
张毅／摄

入酒中，入口味平稳，但酒性猛烈。樵夫没察觉，喝了一碗又一碗，把满坛子酒喝了个精光。

他酒足饭饱后，扁担、绳索都忘了拿，便跌跌撞撞，深一脚浅一脚，走出了酒铺。传说中，龙是不能醉酒的。在村口河边树林子中，他酒性突然发作，便显了原形。一条乌龙平地而起，飞向天空，腾云驾雾，绕庐山周边乱飞乱撞，龙鳞纷纷飘落。掉落的一片片鳞片，化作一颗颗乌桕籽。

从此，乌桕籽在庐山生根发芽，遍布山丘、田畴、溪边、塘岸，渐渐长成一棵棵粗壮的乌桕树。

11 月弓堑的榉树

◎邹　芹　叶芳菲

庐山半山有个地方，叫月弓堑。月弓堑有一棵榉树，它伫立在那儿，已有百余年的历史了。

月弓堑，在登山官道的莲牯路途中。莲牯路是英国传教士李德立于1895 年在牯岭租地建房、开发牯岭时，新建的一条登山道。其途中有一块平地，做上、下山游客的歇息处所。当年，有十几户人家，以卖茶水、水果、点心和种菜卖菜为生。

月弓堑流传着"石上种榉"的传说。据说，早在清朝，有一对夫妻从山下搬迁到此地。丈夫是个秀才，但是每次参加科举考试，屡试屡落，最后心灰意冷，不打算再考。秀才的妻子贤惠能干，担心丈夫就此放弃，便当丈夫的面约上一赌。

她说："我在家门口石头上种一棵榉树。如活，你能应试中举吗？"

秀才寻思：你能在石头上种树，而且能活，比我应试要难多了。他便一口答应道："如果反悔，下辈子愿给你做牛做马！"妻子也说："如果反悔，下辈子愿给你做猪做狗！"

于是，妻子在石头上种上一株榉树苗。此后，秀才天天读书，妻子时刻浇水，二人各司其事。

一年之后，石上的树竟然活了，秀才也中了举，夫妻俩皆大欢喜。

因"硬石种榉"与"应试中举"谐音，在石上种榉树，表达希望

月弓堑榉树
张毅 / 摄

树高：20 米
胸围：2.1 米
树龄：200 余年

"中举"之意。秀才妻子深知此美好寓意，她用此举来激发丈夫发奋读书、参加科举，以求金榜题名。

如今，那棵榉树还在，已成百年古木，耸立在月弓堑前一片荒野之中。

12　庐山的红豆杉

◎胡少昌

　　红豆杉，又名紫杉，是一种红豆杉属的植物，是世界上公认的濒临灭绝的天然珍稀抗癌植物，在我国有着悠久的药用历史。

　　相传在周朝，当时有一名叫匡俗的长寿老人，他多次拒绝了周天子做官的邀请，潜心学道求仙，130 岁时还遍访名山大川。当他来到庐山时，发现了紫杉的长寿妙用，遂在炼丹求仙的地方种植了一棵红豆杉，并用红豆杉制丸炼丹，用于延年益寿。后人为了纪念他，将庐山称为匡山，他种植的那棵数千年不倒的红豆杉，被誉为"仙株"。

　　唐代的孙思邈是位大名医，一次外出寻药途经庐山，发现一片茂密的红豆杉林，当时红豆杉尚未被入药，于是他对红豆杉进行了深入的研究，亲尝红豆杉的药性，发现红豆杉具有通经、利尿、消水肿、治肾病、延缓衰老的功效。深知红豆杉药用价值的孙思邈，不仅自己常年身体力行服用红豆杉入药的汤剂，在回老家时还带了一棵红豆杉回去，种植在河南焦作云台山的炼丹洞洞口。孙思邈在 141 岁高寿时仙逝，而他亲手栽下的那棵红豆杉，至今还守卫着药王洞的洞口，细细算来，已有 1400 多年的历史了。

　　这两个传说，说明庐山曾经长着红豆杉。庐山野生的红豆杉，有很长一段年月未被发现。在近几年，庐山自然保护区管理局终于发现了 5 棵红豆杉古树，其中莲花洞下观山石的毛竹林中有一棵，最大的一棵在庐山南麓栖贤寺中，据说有 200 多年树龄。这几棵红豆杉，均葱郁参天，枝繁叶茂，实为罕见。

13 铁佛寺的粗榧树

◎胡少昌

铁佛寺粗榧
张毅／摄

树高：30 米
胸围：4 米
树龄：140 余年

庐山铁佛寺位于庐山西北麓莲花峰北坳中央幽谷深涧下。寺旁和寺院内各长着一棵高大挺拔、枝繁叶茂的粗榧树，树龄有 140 余年。这两棵粗榧如红豆杉一样珍稀，是天然抗癌药用植物，其树皮、树干、枝叶、种子都可以提取药物成分。

据护林员徐技术员介绍，前几年，这两棵粗榧树曾遇上一场病虫害。害虫叫粗榧尺蠖。阴雨绵绵寒冷的天气时，粗榧尺蠖一个个垂挂在粗榧的枝叶之下，下垂高度几乎相同，密密麻麻，人看到会起一身鸡皮疙瘩。天气晴好时，它们又会有秩序地排列在粗榧的枝叶上，如有口令，齐头并进大口大口地啃食粗榧树上所有的叶子，最终会导致树木枯萎死亡。

粗榧尺蠖吃树叶速度非常快，不管是大树小树，还是刚发的新枝，几乎无一幸免。啃光树叶以后，它们又会吐出细长细长的丝，把自己悬吊在半空中，当地人习惯把吐丝下垂的尺蠖称为"吊死鬼"。之后，它们随风飘荡，直到荡到另外一棵树上去重新啃叶。

粗榧尺蠖这样猖狂，有没有天敌制约，对人体有没有什么危害？徐技术员说，粗榧尺蠖没有天敌，对人体也不会有伤害，它不比毛虫。发此虫害时，可打一种特效药，叫幼脲一号喷雾，同时要坚持定期检查，定期灭虫。

这两棵粗榧是古树，这尺蠖之害又不知道什么时候会发生，护林员只能隔三岔五来巡查一下。如今这两棵粗榧古树长势良好。

14 东林寺的南川柳

◎胡少昌 何 畅

南川柳,落叶乔木,产于中国亚热带中、北部,见于河谷湿地及溪流两岸。庐山东林寺有一棵南川柳,当地人习惯称它为"驿站柳",传说为宋元时古驿站遗物。

从前,从南昌府到南康府,途经庐山时,曾先后设有通远老街驿站、赛阳古石桥边驿站、东林寺驿站,均在庐山西麓。随朝代更替,驿站的具体位置随之变迁。当年在东林寺驿站,有个驿夫,名叫方民木,妻胡氏在家种田。

驿夫有事时需要骑马送信,所以平时要养驿马。但分给民木的马,又小又瘦,如头小毛驴,站里人叫它黄毛驴。民木却并不嫌弃,反而悉心照料,几个月工夫,黄毛驴就长得膘肥体壮,可一日三百里,如踏清风。驿站人说,黄毛驴遇上了好主人:清早有人放它,拣最鲜美的草场;夜晚有人喂它,除草料外,主人还添上了自家的粗粮。

主人和驿马黄毛驴建立了深厚的感情。

有一天,民木送公文,快马加鞭去南康江北孔垅。返回途经吴障岭时,他突然患病,倒在地上,昏迷不醒。黄毛驴是知人性的,它见主人倒下,此地又四处无人,便把头低下,俯地,把主人慢慢地抬起,移放在马鞍上,继续赶路。民木在马背上,摇摇晃晃,不省人事。

黄毛驴驮主人行路,上坡下岭不能走快,到驿站时已至半夜。

人和公文都送到了,可误时一小时,驿长为此很生气,要按驿制处

驿站柳

罚，每误一小时，要打五十大板。妻子胡氏闻讯赶到，央求驿长，可否饶恕民木，说他因途中生了病，这才耽搁了。驿长不依。

第二天，民木苏醒过来，却被拖过去，俯在木凳上，木板声，一声声响起，妻子胡氏在一旁央求，驿长依然不理。这时，黄毛驴在圈里嘶叫，打一板子，它嘶叫一声……

民木被打得昏死过去，黄毛驴在为主人受苦而哀号。

从此，黄毛驴跟随民木，在驿道上走南闯北，风来雨去，十几年过去，铁打的营盘，流水的官，驿长换了又换，民木已到中年，黄毛驴也老了。那一年，新上任的驿长决定，要把老黄毛驴卖了，换上新马。民木得知，便请求把黄毛驴买下来，马贩子给多少钱，他就出多少钱，驿长同意了。

就这样，老黄毛驴被民木牵到了家里——它流了一路的泪。

自此，主人和老马日夜相处。

又过一年，老黄毛驴病死，民木舍不得把它卖钱，就把它葬在东林寺，葬马处还种上一棵南川柳树苗。柳树长大后，驿站人便叫它"驿站柳"。

柳树一般寿命不长，而东林寺这棵南川柳，虽躯干倾斜，内部空朽，全身千疮百孔，树冠又残缺枯顶，可一到春天，它依然青枝绿叶，生机盎然。

15 牯岭的古刺槐

◎邵友光

牯岭街上有一棵古刺槐，其生长地很特别，位于正街通往日照峰、河西路的三岔路口，其左靠工行边门，右临东升酒楼。几步之遥，隔路正是一牯岭有名的山泉，叫路边水柜。

这山泉是牯岭街居民的饮水泉，多少年来，日夜流淌，即便干旱之年，也从未断流。这个水柜旁有一矮小的石墙，上盖一铁瓦，墙上有三个泉水管口，当年挑水居民即在此排队接水。后来，这泉水边又筑一水池，妇女们在池边一边洗菜、洗衣，一边聊起家常，汇聚了许多人间烟火。

这口泉水，是牯岭街居民的集散地，又是民间消息的传播处。多少岁月过去，牯岭所发生的故事，老刺槐如一位沉默不语的老人，静静听着。

老刺槐旁边有一栋二层房屋，为百年前的建筑。1895 年，这里名为"牯岭公司"，是洋人租借地董事会下辖的执行办事机构。1936年元旦，租借地归还庐山，当时的庐山管理局即在此办公。抗战时期庐山沦陷，此处成为日本宪兵队审讯室。抗战胜利

刺槐

牯岭东谷工行旁的古刺槐
凌文胜 / 摄

树高：15 米
胸围：2.05 米
树龄：120 余年

后，管理局又将其收归庐山。新中国成立以后，这里成为庐山旅行社、接待处等多个单位和部门的所在地，一直到改革开放前。如今，这里改装成了酒楼并对外开放。

百年牯岭世事变迁，老刺槐见证了庐山的几件大事：

洋人租借牯岭后，把 1895 年 8 月 15 日，定作"得山纪念日"，每年此日，狂欢庆祝，提灯游山，在刺槐下来来往往，中国人见了无不心酸。

收回租借地主权后，洋人交出牯岭公司大门钥匙。1936 年元旦节，在山的中国人欢欣鼓舞，张灯结彩，奔走相告，也提灯游山，也在这老槐树下来来往往。

1945 年 8 月 15 日抗日胜利，"胜利号外"满天飞，庐山中外居民、侨民敲锣打鼓，彻夜不眠。

1949 年 5 月 18 日庐山解放，为欢迎人民解放军，游行的队伍多次从这老槐树下经过。

此外，中共中央在庐山召开了三次会议，毛主席曾从老槐树对面的公路下车，接见庐山人民。他在此步行慢走，向夹道的庐山人民频频招手。顿时，"毛主席万岁"的口号声，响彻天空，庐山人民沉浸在幸福之中。

老刺槐树干全身赘生出 30 多个开花树瘤，最大的有 0.2 米。这每一个树瘤似乎都记录着庐山人民饱经百年的岁月沧桑和酸甜苦辣。如今的老刺槐，树龄 120 余年，树干倾斜（被一钢架衬扶保护）。虽然它干朽断顶，但依然枝繁叶茂，生气勃勃，年年开着玉白色的淡淡的槐花。

老刺槐是庐山历史的见证者，也是牯岭的故事树。

16 "大树下"的重阳木

◎邵友光

重阳木，树姿优美，冠如伞盖，花叶同放，花色淡绿，秋叶转红，艳丽夺目，是良好的庭荫和行道树种。古重阳木稀少，据不完全统计，在庐山地区可列为古树的仅发现三棵，分别在大塘张家山村口、张家山社庙、九江市区。

九江市区"大树下"公交车站的重阳木最有名，树龄1300余年。九江市民几乎无人不知。

多少年以来，这棵古木备受人们关心。

有一年，改造十里大道，重阳木正生在路中间，有人提议把它砍了，但多数人不同意，因为它是九江一棵珍贵的古树。最后有关部门决定改移大道，把它留在路边，并加垒石墙保护起来。

1998年，九江长江抗洪事件，全国有名。洪水退去后，这棵古木边还留有一圈沙袋守护着。

2006年初春，天气寒冷，一位住在附近的70多岁的梅大爷见这树上叶子落光了，担心它枯死，就约上几位老人，天天给古树浇水。有一天，古树终于长出了绿叶，又成活了。

园林部门对这棵重阳木也十分关注。有一年，该树树叶稀少，长势渐衰，园林部门见状，采取各项措施：铲除老土，填上新土，并施上有机肥料；砍掉了吸收它养料的寄生树。后来，古树生长状况良好，一年一年顽强活着，年年生发新芽。

如今，园林部门表示会定期给它修枝、浇水、除去病虫害，使古树生长有了保障。

大树下未萌叶重阳木

树高：19 米
胸围：3.7 米
树龄：1300 余年

17 秀峰寺的古青梅

◎邵友光

秀峰寺（原名开先寺）曾经有一棵古青梅。这棵青梅被诗人屈大均写进了《开先寺古梅》一诗中。诗云：

> 瘦然云雾窟，疑是六朝僧。
> 鹤发垂千尺，苔衣覆几层。
> 枯枝全化石，冷焰忽销冰。
> 惭愧春华发，教人见古藤。

屈大均到过庐山，喜爱梅花，在庐山吉祥寺也曾作咏梅诗一首，而开先寺这一古梅，他见到的景象有"鹤发、苔衣、枯枝、古藤"，春天不见梅花也不见其叶，只有攀附的古藤尚在。古梅已至垂暮之年，呈现出一副"枯枝全化石，冷焰忽销冰"的六朝僧的神态。

1945年抗战胜利后，吴宗慈在双桂堂也见到了这棵古青梅。它是秀峰景区的五古树之一。

如今，70多年过去，秀峰景区五棵古树只有四棵尚在，寻遍秀峰，也再见不到古梅的踪影了，可歌颂它的诗文将永存于世。

18 美若天仙的玉兰花

◎邵友光

庐山有很多玉兰树，古玉兰树也不少，其中栖贤寺的一棵古玉兰树最为壮观。

关于玉兰树，庐山流传着一个传说：

从前，在庐山的山南边，住着三姐妹，大姐叫红玉兰，二姐叫白玉兰，小妹叫黄玉兰。她们不仅个个貌若天仙，而且心地善良。

一天，她们到鄱阳湖边玩耍，见一村庄关门闭户，一片荒凉。经打听才知，原来是秦始皇号令天下，让村民赶山填湖。因此，鄱阳湖中的众多鱼虾遭了殃，湖王公主小龙虾也被害死了。湖王很生气，下令收购粮食（地方官方收购），把庐山周边鄱阳湖一带的粮食收购禁卖。村民们没有粮食，饥饿难熬，纷纷逃难，背井离乡，加上又逢一场瘟疫，死亡者众，各个村子空空如也，一片凄凉。

三姐妹知情后，悄悄找到湖王的湖边粮库。粮库大门紧锁，有一威武的蟹将军把守。三姐妹等待时机，等到蟹将军睡着，于是吐出口中的香气（气浓时有麻醉作用），你吐一口，我吐一口，她吐一口。蟹将军被香气麻醉，昏迷不醒了。她们慌忙偷了蟹将军粮库的钥匙，打开库门，通知周边村民，赈灾发粮。一时间，方圆十里百里，村民们纷纷闻讯而来……

有了粮食，又躲过了瘟疫，从此，庐山下的村民们又过上美好的生活。

但这事很快被湖王知道了，他大怒，派出虾兵蟹将（官方衙门人员），捉拿三姐妹。他们人多势众，三姐妹被抓，随即被湖王下令处死。三姐妹死后，村民们伤心地把她们埋葬在庐山脚下。第二年，三座坟头上长出三棵玉兰树，第三年玉兰树花开，花有三种不同颜色：红色、白色、黄色。

庐山又有人说，玉兰三姐妹都是庐山神的女儿。从此，分别叫它们红玉兰、白玉兰、黄玉兰。

玉兰花

19 积余村的槐、樟、楮

◎胡少昌 罗 伟

庐山九奇峰下有一古老的慧日寺，寺边有一枧洼水库，枧洼水库下边有一个个村庄，其中一个就是濂溪区威家镇积余村。在积余村的付家山有三棵古树，分别是槐、樟、楮。

槐树，在我国北方多，南方少。庐山地区的古槐树更少，在积余村也仅仅发现一棵。这棵古槐树是村里的月老树，是美好爱情的媒人和见证者。村里人娶亲嫁女，均在此树上系上红丝带，祈求保佑婚姻美满、子孙满堂。几百年来，这一习俗延续至今。

积余村的古樟与古楮长在一起。古樟身躯如巨柱，枝干遒劲，气宇轩昂；古楮的枝干则像巨型的鹿角与古樟相互支撑。这两棵古树一前一后，树冠遮蔽着半边天，气场非同凡响。

据村里人讲，朱元璋与陈友谅于鄱阳湖大战时，一日，朱元璋受伤逃到此处，在这两棵树下休息。突然间，陈友谅追兵临近。一时间狂风大作，落下大片树叶。朱元璋躲进空心的大楮树树洞里。追兵并未察觉，离开了村庄。朱元璋得了天下后，不忘树恩，带领文武百官，前来焚香礼拜。朱元璋认为两树都有功劳，于是拜大樟树为神樟，封大楮树为大将军。大楮树心里埋怨道："朱元璋你明明是躲在我的树洞里呀！你怎么还拜樟树为神樟？"楮树明知是自己的功劳，又不能言语，心中有苦却说不出，久而久之，楮树原本甘甜的果实，渐渐变成淡淡的苦味。

因这些民俗和传说，积余村的三棵古树，闻名于方圆百里。

樟楮
张毅 / 摄

20 庐山三奇竹

◎章　蜜　周庐萍

庐山自古有奇竹：苦竹，在简寂观；方竹，在方竹寺；斑竹，在竹林寺。

苦竹

简寂观，是晋时陆修静创观修道之所。北宋著名科学家沈括所著《梦溪笔谈》中记载，一位简寂观道人一生酷爱竹子，种植了大片苦竹。苦竹长出的笋子味道甘甜，它与邻居归宗寺所做色清味淡的咸菜并称为"山中佳味"，有"简寂观中甜苦笋，归宗寺里淡咸菜"之说。

咸菜在此不论，关于苦竹，有资料介绍：它是乔木科，大明竹属，木质化乔木。竿直立，可高达 5 米，竿壁厚约 6 毫米。苦竹笋，脆嫩可口，生津开胃，回味甘美。

简寂观的苦竹，历代文化大师多有诗文歌咏、赞叹。

苏辙到此观，有《游庐山山阳七咏·简寂观》诗云：

> 山行但觉鸟声殊，渐近神仙简寂居。
>
> 门外长溪净客足，山腰苦笋助盘蔬。

苏辙说，苦竹甜笋是一道美食佳肴。

朱熹到观时，他写道：

> 我来千载余，旧事不可寻。
>
> 回顾但绝壁，苦竹寒萧椮。

他也在诗中提到苦竹。

苦竹，先生有甜笋，后长苦竹。甜苦笋是当时一道名贵的菜。

如今千年过去，多少山珍海味被人遗忘，简寂观中的甜苦笋却一直流传于世，并非因甜苦笋味道如何，而是相传甜苦笋由陆修静手植。

方竹

方竹在方竹庵。

据《庐山志》载："方竹庵在龙泉寺上里许，内有方竹。方竹庵今尚存，方竹则不产矣。"

方竹
张毅／摄

方竹庵，今称方竹寺，在威家山北公路 4 公里处。

关于方竹，有很多传说，其中之一云：

元末，朱元璋在鄱阳湖大战陈友谅，屡战屡败，屡败屡战。有一次，他被陈友谅追赶逃避至此，怒气冲冲，将一双竹筷插入地上，并对天发誓，说："吾若有命得此江山，请筷子长成竹子。"

后来，朱元璋果然打得江山，筷子也长活成为方竹。

慕方竹之名的游人至此，必止步观赏。

据寺中方丈说，寺院前这方竹，如果移种在外地，方竹就不会方，而是圆的。这方竹明朝就有了，整个庐山只有这地方才有。

方竹幼竹为圆形，成材时竹竿成方形、四方形，竹节头带有小刺枝。

若论其形，方竹真是庐山奇竹。

斑竹

斑竹，在竹林寺。自古以来庐山竹林寺，有寺名无庙址。传说庐山有 100 个寺庙，有 99 个可以敬香礼拜，唯独竹林寺不知在何处。

斑竹在竹林寺，如果找到了竹林寺，不就找到斑竹了？

许多人寻找过竹林寺，朱元璋就曾派人寻找。对此，有一个传说：

从前，有个疯和尚名叫周颠。元末兵荒马乱时，他在南昌大街小巷喊叫："打破一个桶……"预言朱元璋将一统江山。朱元璋与陈友谅大战鄱阳湖时，他又坐在船头随军参战。突然，湖面狂风大作，波涛汹涌，战船即将颠覆。这时，周颠双手合十，口中念念有词，湖面随即风平浪息，战船转危为安。于是，朱元璋打败了陈友谅。朱元璋平定了全国后，又突然患上一场大病，御医们束手无策。这时，门外有人来报，一和尚送来一碗汤药，就走了。朱元璋服后，身体痊愈。派人去打听这送药的和尚是何人，又住何处时，门外人说，和尚临走时说了，说他名叫周颠，住在庐山有斑竹林的竹林寺。

于是，朱元璋心想，打江山前，他有预言；鄱阳湖大战，他助力稳住战船；自己生大病了，他又送来康复的汤药。这周颠，他是什么人也？莫非是天上神仙！

于是，朱元璋派官员在庐山四处寻找，山上山下找了个遍，最终，既没找到斑竹林，也没找到竹林寺。

这时，朱元璋认定，周颠是辅助他打江山的仙人，感动万分，即下圣旨立御碑以纪其功德。

如今，竹林寺还是不知在何处。斑竹在竹林寺，寻找不到竹林寺，斑竹又在何处呢？

竹林寺和斑竹，可谓庐山近千年之谜。

21 宝积庵的古银杏

◎周佩祺　章　蜜

　　庐山宝积庵曾有一棵古银杏。据清《庐山志》记载：宝积庵"有宋时白果一株，大十围，清咸丰三年（1853 年）突遭火，仅存枯干。阅数年复生萌芽，至今叶附枝连，偃如华盖"。

　　宝积庵今已消失无存多年，它之前在什么地方呢？桑乔《庐山纪事》有记录："吴障岭西五里许，为天花井山。旧有僧舍，曰宝积寺。天花井山，山巅砥平而中陷为坎窖，窖之内又有小池，僧就窖而庵焉。池乃在庵之堂前，因甃以为井，而庵之西故有一井，庵僧又别凿一井。凡三井，故谓之天花井。其后殿前井堙，庵数火，遂徙马尾水冲。"

　　当时宝积寺在天花井山山北马尾水溪之下。如今宝积寺遗址具体地址尚不清楚，人们一直在寻找中。

　　据说，九江市濂溪区莲花镇谭畈村刘家垅的一棵千年银杏树，也许是宝积寺那棵古银杏。宝积寺遗址可能就是现在的刘家垅。且当地也流传着赤脚小孩给宝积寺古银杏浇水的故事：

　　有一年，宝积寺的古银杏枯了。先有村民前来树下，焚香祷告，愿庐山神保佑，让枯木早日复活，后又有周边村民甚至方圆十里百里的村民也来祷告，乞求庐山神护树。

　　终于有一天，一扎着两根小辫子、挂个肚兜的赤脚小孩，跑了过去，在古树下撒泡尿，说道："古树要天天浇水。"说了就匆匆跑了，不见了踪影。

白果树王

徐伟 / 摄

树高：25 米
胸围：10.4 米
冠幅：30 米 × 30 米
树龄：1600 余年

有村民见了说："这是庐山神派来的使者，叫春神。古木重生，要天天浇水呵。"

从此，前来的村民，不分远近，来时一人拎一水罐子，盛着满满的泉水，浇灌在古树根下。久而久之，这便成了一乡间习俗。

忽然有一年春天，这棵古银杏树，长出了第一颗新芽，嫩绿透亮。

终于枯木逢春了。

村民们雀跃！

如今刘家垄这棵千年古银杏，被当地村民视为"神树"，被评为九江市"十大树王"。每到深秋，银杏叶黄得发亮，在阳光下更是耀眼，前来观赏的游客络绎不绝。

古银杏的果实
张毅／摄

22 两棵女贞古树

◎章　蜜　周佩祺

　　庐山有两棵女贞古树，一棵在山北的龙门胡家苗圃，一棵在山南的观音桥村附近。

　　女贞树，四季常青，冬不落叶，又名常青树。其果实为贞子，一串串貌似小葡萄串。

　　关于女贞树，民间有个传说：

　　从前，有个美丽的姑娘叫贞子，家在山南，嫁给山北一老实巴交的农夫。二人都没有爹娘，同病相怜，十分恩爱。可婚后美满的生活不到三个月，丈夫就被抓去当了兵。三年过去仍没有音信，贞子日夜思夫，整日以泪洗面。一天，村里一当兵的逃回家说，贞子的丈夫已战死在战场，贞子闻讯即昏死了过去。幸好有邻居三姐上前搭救，贞子才苏醒过来。三姐叫她不要轻信这个坏消息，可能她的丈夫未死，要她坚持活下去，但贞子由于思夫心情日益沉重，最终病倒。在临死前，贞子拉着三姐的手说，我死后请在我坟前栽一棵常青树，万一他归来，这树也可证明我对他是永不变心的。

　　贞子死后，三姐依言种下一棵常青树。

　　有一天，贞子的丈夫突然从军队中归来。得知在他当兵的这些年里，妻子贞子是如何的思念他，又如何的悲痛而死，他扑在贞子的坟前，痛哭三天三夜，泪水浸湿了坟前的常青树。他因此心力交瘁，不久，也病倒了，身体一日不如一日。墓中的贞子似乎感受到了丈夫的悲痛，她坟

094

女贞
宗道生 / 摄

女贞

前的常青树竟然开了花，不多日又结下了一串串果实，十分可爱喜人。村里人见到说，这常青树成仙了，如吃了它的果子，人可成仙。贞子的丈夫也吃了这果实，神奇的是，他的病竟慢慢地好了起来。村里人知道这果实的珍贵，纷纷采下回家栽种，并将此树取名为女贞树。

庐山有不少女贞树，或为行道树，或植于庭园，或做成绿篱。这些树中，属古树且引人注目的有两棵。

龙门胡家苗圃的女贞树，树高18米，树围3.9米，树龄300余年。这是一棵副主干断缺，只有主干依然挺立的女贞古树。它生长在一乱石堆中，树皮苍劲，历尽沧桑岁月，与它满树青翠绿枝，形成鲜明的对比。

观音桥村附近的女贞树，是庐山珍贵的古树，树龄400余年。它的树干倾斜45度，卧倒的树干空朽残缺，仅靠三分之一的树皮延续其生命。树干丛生多枝，青葱翠绿，生机勃勃，表现出坚韧顽强的生命力。

23 太平宫的枫香树

◎胡少昌 彭松立

　　庐山太平宫荒凉的古道场之中有一棵古枫香树，当地人叫它"老枫树壳"。道场三面环山，一面田畴，一坡而下，视野敞阔，有溪流纵横，又有村庄民舍，阡陌交通，鸡犬相闻。

　　这棵古枫香树看似寻常，实则不寻常，因它生在太平宫。太平宫地处庐山西北麓老君崖西，曾系庐山著名道院之一，被誉为道教"咏真第八洞天"。唐开元十九年（731 年），唐玄宗因梦神仙下凡而下诏赐建，为庐山神的处所，初名"九天使者庙"，后改为"通玄府"。宋太宗太平兴国中，诏令庙以纪元易名为太平兴国观；熙宁中，宋神宗又命于观中置祠宫；宣和六年（1124 年），徽宗又升观为宫，名为太平宫。该宫殿气宇轩昂，楼阁鼎峙。其钟楼和鼓楼高达十余丈，累砖而成，华丽殊甚，当地人称之为"婆媳塔"。

　　进入明清时期，太平宫逐渐衰落，多次遭遇兵燹，特别是太平天国军的烧毁抢劫，殿中的文物荡然无存，殿堂变成一片废墟，仅留一座璇玑玉衡（观天象之物）和婆媳塔。二塔在荒野中一高一矮比肩而立。20世纪 60 年代，婆媳塔尚存，中间即立着这棵枫香树。关于这棵枫香树，当地还流传着一个传说：

　　据说，众兵匪有一次进殿后，把宫中文物全数劫尽，走时放一把火烧了宫殿。当时火势猛烈，"庐山神"急于赶路，忘记带走手杖，而那根手杖当即化成一棵枫香树。

　　20 世纪 60 年代以后，婆媳塔坍塌，仅仅留下这唯一的遗物——古枫香树。据推测，这棵枫香树有 1200 余年树龄。虽然遭受雷火多次袭击，树冠秃顶枯梢，树干已成空壳，可它依然高大挺拔，枝繁叶盛。每当秋季来临时，红叶会映红半边天。

枫香

24 美庐的金钱松

◎邵友光 周晓红

美庐庭院中有一棵松，叫金钱松。

70多年前，这树突然生病，叶子枯了。为此，庐山还流传着一个治树的故事：

话说在1946年4月，金钱松患病，急需救治。到任一年的庐山管理局局长吴仕汉得知此事后，不敢怠慢，马上发通知向山上各单位寻找救树专家。通知发下去，有植物园技术人员来，也有森林林场护林人到。他们看看此树，都说没有办法，一个一个走了。

吴仕汉着急，他知道，如果这树救治不活，他责任重大。

于是，吴仕汉在牯岭街张榜寻治树高手。

张榜贴出，三天却无人揭榜。吴局长心中更加着急。

此事，老百姓在考虑：如果有办法把树治愈，可万事大吉；万一救不好，轻者一切费用全无，重者，怪罪下来，还可能会被抓去治罪坐牢。多一事，不如少一事。因此，无人敢揭榜。

第四天，正没有办法时，有一个卖柴老人，叫刘老杠，他上牯岭街卖了柴，从榜下路过。他大字不识一个，只听在场人说，树生病了，要诊树。他就一手伸过去，把榜给揭了，说："给树诊病，还不容易。"

有人揭榜，吴局长当然感到惊喜。刘老杠被人叫到局里，吴局长一看，这老人60多岁，头戴一破草帽，光脚穿一双麻布草鞋，短衣宽裤，手握一木杠，杆系一绳索，腰插一老柴刀。

金钱松
张毅 / 摄

树高：25 米
胸围：3.1 米
冠幅：20 米 ×25 米

吴仕汉问："你会诊树病?"

"诊过。"刘老杠说。

"美庐一棵松树生病了,你去看了没有?"

"没有!"

"没有,你如何敢揭榜?"

"我有把握能诊好,怎么不敢揭?!"

二人对话一阵,吴仕汉说:"如果你诊不好树病,怎么办?"

"敢立字据,"刘老杠说,"可以坐牢。"

吴仕汉寻思,此老人还真敢说敢做,可能他真有本领。

他问刘老杠:"诊树需要什么药物?什么时候能够成活?"

刘老杠说:"一麻袋黄豆,民夫两人,其他……我自带树药,树三个月一定可活。"

最后问起回报。

刘老杠说:"不多,药钱、民夫费公家出资。诊好三个月后,公家买我一千斤柴火,另买一把新柴刀。"

吴仕汉同意了。

治树病过程也很简单,刘老杠动口不动手,他叫民夫先挖去树根边的老土,又把浸泡了的黄豆,撒在树根上,再撒上他带来的特效药,然后填上新土夯实,最后,浇水三天,一天一次,再每周浇水两次。

三个月到了,吴仕汉天天都来察看,金钱松还是老样子,叶子枯萎。又过去三天,7月中旬,有电告蒋介石第二天就要上庐山。吴仕汉对此,又急又气。他派人把刘老杠叫来,问个究竟。刘老杠到了,说:"吴局长,你莫急,莫急。"他走到树边,左看看,右望望,树枝上还没有新芽,在树根边周围一圈,也没有发现新芽。看着,看着,他忽然眼睛一亮,根上生出一叶露珠嫩芽,透明闪亮。他伸手一指,说:"树活了,长新芽了，吴局长你看。"

吴仕汉凑过头去，果真有一芽，他心中的一块石头终于落下。

事后，管理局应诺，买了刘老杠一千斤柴火，外加送一把柴刀。

如今这棵金钱松，长势良好，枝繁叶茂。

25　124号别墅的梧桐

◎邵友光　刘雨冰

梧桐
张毅／摄

树高：26米
胸围：1.8米

庐山牯岭属名木的梧桐稀少，仅有5棵，其中柏树路124号别墅有两棵。

124号别墅建于1919年，由俄国亚洲银行建造。到1931年，国民党高级将领朱培德购得此房，并安排副官张冠儒，具体负责改造别墅。张副官先是改动了主楼的一扇大门，将原坐北朝南，调整为坐东朝西，然后对环境进行美化。

别墅有大院、小院，一条清清的溪流从中通过。张副官在别墅院内栽种了各种名贵树木，但没有种梧桐树。

当年朱培德有10个儿女，年年暑期都会上山。二女儿长得漂亮，心地又善良，没什么小主人的架子，为人很客气。

梧桐
张毅 / 摄

有一天夜晚，二女儿在走廊里忽然发现一条蛇，她惊慌失措，忙叫家中佣人杨姨去看。她去了，果真发现有一条大蛇，足有家用垃圾篓粗，有头有尾，身上有鳞，在地板上爬行，发出沙沙的声响，后溜走了。此后，他们害怕再有蛇来，不敢住了。

张副官为了驱蛇，把大门换成铁门，把游泳池里的水放干，把溪水改道，在院里种上七叶一枝花，遍地又撒上雄黄，都没有作用，那蛇还是经常出没。实在没有办法，他就请教了仙人洞徐老道长。老道长说："一正压三邪，你就在大门口栽棵梧桐树吧！"张副官就在院大门栽了两棵梧桐树。从此，那条蛇就真不来了。

没想到种梧桐能够驱蛇，有如此神通？杨姨说："可能是院中林木深，邪气太重，梧桐树吉祥、祥瑞，它有镇邪的作用。"

（受访人：杨玉红，原庐山砂轮厂退休职工。）

26 黄龙寺后背的檫树

◎邵友光

黄龙寺后的路边有一棵檫树。这棵檫树，高高的树干，黑黑的树皮，有着 180 多年的历史。它的故事，与黄龙寺青松住持有关。

话说 1938 年，庐山抗日守军坚守庐山，山下四周已经被日寇严密封锁。守军面临"一天不游击，就会没饭吃"的处境。

有一天，守军的几位将领来到黄龙寺。带头将领说："大师，我们守军在山抗日，被日本鬼子围困有七八个月了，眼下十分困难，断了军饷，难以买粮。"

青松双手合十，念道："阿弥陀佛！"

将领又说："师父能否借我们一些钱两？待上级军饷到时一定奉还！"

青松师父说："贵军抗日精神可贺可嘉，国难当头，我们佛门弟子理应尽力相助。"

说后，他转过身去，慢步走进厢房。待他出门时，他双手捧着一只木盒，放在桌案上。然后，他打开盒盖，说："这是一千块大洋，你们抗日要紧，就先拿去用吧！"

在场的将领，无不被青松师父这一慷慨之举所感动。

随后，守军将领打了借条，捧着用一张牛皮纸包裹的大洋，再三致谢。青松将他们送至寺庙大门。

这一消息一传十，十传百，成了庐山百姓口中一段佳话。可事又与本

檫树
张毅 / 摄

树高：30 米
胸围：2.5 米
冠幅：10 米 × 12 米

意相违，这事传到了土匪们的耳朵里。

有一天大清早，十几个土匪闯进黄龙寺。为首的进门就嚷嚷要借钱。

青松师父又双手合十，说："阿弥陀佛……日本人围困庐山，寺庙香火绝无，哪里有钱可借？"

青松又说："待日后寺庙香火旺盛了，一定会借给你们！"土匪头子生气了，他质问道："我们向你借，你说没有钱，那守军来了，为何就有？"

青松再三解释，可没有用，他们非借不可。

土匪们最后把青松捆绑，准备带走。此时，寺庙里只有修静一人在，他是青松的贴身徒弟。

青松被土匪押着，走到寺庙背后的这棵檫树边时，趁土匪不注意，突然挣开绳索，借树一跳，落在寺庙顶上。随后，他连跳带跑，伏在屋脊上。

土匪朝他开枪，青松埋下头，手取庙顶上的瓦片，一片一片地，如放飞镖射向庙下的土匪。土匪们被击中，纷纷倒地。趁混乱之际，青松又跳下屋顶，消失在竹林之中。

土匪不知青松有武功，眼下寻不到人，只得作罢。

土匪们走了，修静说："师父，你还是躲一躲吧，他们还会再来的。"

青松说："俗话说，逃得了和尚，逃不了庙。我还怕这几个蟊贼？"

青松不走。

几天之后，土匪们又来了。这次他们有二三十个人手持着枪，一来就把寺庙团团围住。

青松被捆绑起来，又押在庙后，还是在这棵檫树边上。土匪说："拿钱来，就放了你！"

青松怒目圆睁，不言不语。

土匪又把一根竹子弯下，把青松绑在竹梢上，再放松竹竿，青松被悬挂在半空中。土匪又问："拿钱来，拿了就放你下来！"

　　青松顿时破口大骂，骂声不绝。

　　当夕阳西下时，土匪们见实在拿不到钱就准备空手而回。临走前，一个头目过来问："老和尚，你认得我吗？"

　　如果青松不言语，这事就算过去了。但青松就是青松，他愤愤地说道："你就是烧成灰我也认得你！"

　　这头目便砍断竹竿，青松掉落在了地上。

　　在这棵檫树边，这土匪用刺刀捅向青松，青松师父倒在了血泊之中。

　　如今80多年过去了，这棵檫木古树还在。它亲眼见证了爱国佛教人士青松师父爱憎分明、支援抗日守军的英雄壮举。

檫树
张毅／摄

27 牯岭芦林雪柳

◎邵友光

雪柳，别名珍珠绣线菊，原产我国华东，日本也有分布。雪柳，树叶形似柳，花开时花朵密集，形态漂亮，美如雪花。

庐山牯岭有一棵雪柳，外界鲜有人知其所在何处。在一个秋风飒爽的时日，我们一行由当地园艺师苏湘桂老先生做向导，寻找这棵雪柳。在寻找它的途中，苏老告诉我们关于雪柳的传说：

在很久以前，东海龙王经常出海巡游。每次巡游，洪水泛滥，都要淹没山下上万顷良田，致使村民们挨饿，纷纷逃难，背井离乡。一次，龙王龙体欠佳，便改派小公主去巡游，还要她也要像自己一样淹没万顷良田。

小龙女来到庐山，登高远望，只见山下绿树成荫，莲荷满塘，人欢鸟叫，一片风光旖旎。于是，她下山游玩，忘记了父王要她用洪水冲毁良田的旨意。

后来，她就在这个村庄住了下来。从此，她和村民们一起播种，一同收获。几年以来，山下乡村风调雨顺，五谷丰登。

可是好景不长，东海龙王寻找女儿来了。他威逼女儿回宫，公主不从。她含泪地说："我就是死，也不会离开人间。"

龙王大怒，施展法术让公主恢复了原形。人们看见：一条鳞光闪闪的白龙腾空而起，又从一道道闪电中飞落下来，化作一棵开满白花的果树，落在了庐山上。东海龙王回宫，洪水渐渐退去，人们看见东海龙王

芦林饭店的古庐林庵遗址
残存的古雪柳花开时之景
张毅／摄

小女儿变成的果树，依旧长立在山中。那地方叫作芦林，其树下还有一池碧绿的湖水，湖边生长着一片茂盛的芦苇。

从此，每一年这树上结的果子都会变化，树上结的什么果实，山下的田地里什么庄稼就一定会丰收。庐山人为了纪念这位善良又会预报丰收的小龙女，就把这树称为"五谷树"。而这棵树也就是雪柳。

如今，这棵古树雪柳，就在芦林饭店边的小路中。它枝繁叶茂，沐浴在灿烂的阳光之中。

苏老说，他与山上植物界人士交流过，在牯岭山上，唯独只有这一棵是古雪柳。

这棵雪柳树高 8 米，胸围 1.6 米，主干空朽，树身倾斜。据《庐山古树》画册记载，此树为古庐林庵清初僧人栽植，树龄300 余年。

为了保护好这棵古树，我们向社会相关部门建议，把这条小道改道，并在雪柳树周围加上护栏。

（受访者：苏湘桂，1940 年生，庐山管理局原干部，在庐山二轻局退休。从事庐山园艺栽培管理工作数十年。）

芦林饭店古庐林庵遗址
残存的古雪柳
张毅／摄

28 青钱柳

◎万媛媛

　　庐山牯岭有一种树，学名青钱柳，别名摇钱树、一串钱。庐山有这种树，但十分稀少。

　　青钱柳与其他树比较，其特征为：

　　　青——树叶青翠碧绿。
　　　钱——果实卵形似铜钱。
　　　柳——树形又似柳树。

青钱柳

　　关于青钱柳，庐山还有一个民间传说，是一个关于懒汉的故事：

　　说很久以前，有一个懒汉小子听说庐山有棵摇钱树，并流传有几句话：庐山有棵摇钱树，树上长出两股杈，每股杈上五个芽。摇一摇，开金花。摆一摆，落银沙。要吃要喝全靠它。

　　他心想，有这样好的摇钱树，如果能找到它，就不用天天劳作了，只要把树干摇一摇，就哗啦啦地落下铜

青钱柳
宗道生 / 摄

钱。于是，他四处寻找，终于在天池山找到了摇钱树。他喜出望外，就想把这棵树挖回家。他挖啊挖，可怎么也挖不动，只能坐在地上直叹气。这时，有一位白胡子老人走了过来。他说："小伙子，世上哪有摇钱树。你人长一双手又生十根手指，这才是摇钱树呵。"老人说后转眼就不见了。原来，这小子遇上了仙人。从此，他听从仙人的话，辛勤劳动，勤俭持家，渐渐地过上了好日子。

青钱柳的果实，排列在枝条上，如一串一串铜钱，像摇钱树枝。因此，民间每年岁末祈年时或大年初一，家家户户就挂上一青枝条在门前，祈求新年财运兴旺。

近年来，庐山相关部门经过古树普查，发现仅山上就有青钱柳古树四棵，分别在金竹坪、黄龙林场、芦林林场、王家坡碧龙潭。

第三辑

1 十古樟

◎邵友光 许 仕

　　庐山古樟，现存的 1000 年以上的有 34 棵，500 至 1000 年的有 16 棵，久负盛名的有羲之樟、虎溪樟、龙洞樟、九头樟、青龙樟、鹿角樟、佛手樟、圣祠樟等，它们姿态各异，造型独特，渊源深远，誉满天下。

羲之樟

　　归宗寺的五爪樟，相传为书圣王羲之手植，亦被称为"羲之樟"。据《庐山志》载，"王羲之任江州刺史时，在金轮峰下玉帘泉附近建造归宗寺，栽植了一片樟树，绿化庭园。高山流水，婆娑树影，为他练习书法提供便利。"

　　如今屹立在归宗寺的一棵千年羲之樟，主干雄壮，枝丫遒劲，形似王羲之的书法。它曾陪伴王羲之夜以继日，临池学书，直至池水尽黑、秃笔积垛，王羲之终于成了中国的"书圣"。

虎溪樟

　　虎溪樟立于东林寺虎溪桥边，见证了东林寺有名的"虎溪三笑"故事：

　　慧远大师当年送客从不过虎溪桥。有虎卧于樟树下，慧远过溪则虎啸。有一天，陆修静、陶渊明拜访慧远大师。慧远送客，一路上谈兴正浓，无意间慧远送过了虎溪桥，守在溪边的老虎吼叫，他们才知道破了规矩，三人相视大笑而别。虎溪三笑便成了千古佳话。

龙洞樟

　　龙洞樟在庐山西北麓金陵街，曾遭雷电击中，主干中空，基部有一

義之樟

树高：24.5 米
胸围：6.05 米
冠幅：19 米 × 19 米
树龄：1600 余年

洞，洞如龙口，可容数人。多少年来，每逢兵匪劫难，龙洞樟都是村民们的藏身之处。

九头樟

九头樟在东林寺大雄宝殿前。树称九头，即树干同体，树梢繁多，意为九头。其枝一枝一形，各显其态，似物非物。树冠如偃盖，如同观音菩萨的护法巨伞，在庇护着天下芸芸众生。

关于九头樟，当地有一"九头鸟"的传说：

从前，庐山有一奇怪的鸟，有九个头，它形体怪异，叫声奇特，行为有些霸道，为众禽之害。有一天，它飞到东林寺，在大雄宝殿落下，因被寺中佛法吸引而迟迟不肯离去。后来，它每天都要在这里聆听慧远大师讲经传法、讲因果报应，深受教益。逐渐，它改邪归正，再不做坏事了，成了众鸟的保护鸟。九头鸟死后得道，旧体化成这棵九头樟。

青龙樟

青龙樟在孔家山。该树相传为晋时之物，曾遭雷击。青龙樟基部附生众多薜荔古藤，缠绕了半边树干。古藤如龙似蛇，千姿百态，栩栩如生。树干如柱，柱上似有青龙攀爬，如青龙盘柱，故称青龙樟。

青龙樟，其名还与一则庐山古老的民间传说有关：

从前，玉皇大帝委派两条龙：一条青龙掌管天下之水，一条赤龙掌管天下之火。他们是兄弟俩，分工明确，各司其职。

青龙善良仁义，体恤天下百姓，让江河湖海，不旱不涝，顺畅无阻，民间因而风调雨顺，五谷丰登，百姓安居乐业。赤龙则霸道，他本掌管火事，后来把天下的水收藏起来，放在他海中私库里，把江海的水收了，又收河湖的水，致使天下赤日炎炎，田地干旱，农民庄稼颗粒无收，百姓怨声载道。

青龙知情后便与赤龙论理，赤龙不

青龙樟

树高：12 米
胸围：4.12 米
冠幅：10 米 ×8 米
树龄：1500 余年

服。二兄弟为此在天地间斗法，一时间，斗得昏天黑地，水火不容，又殃及天下百姓。

这事被玉帝知道，他不问青红皂白，惩罚二龙，并押往天庭。此时，天下百姓知晓这事，为青龙求情，纷纷焚香敬拜玉帝，让玉帝手下留情，收回成命释放青龙，依法惩治赤龙。玉帝视民情激昂，即释放了青龙。在青龙归海感谢乡民的那一刻，天空中化出一道闪电，一道耀眼的白光就飞落在这棵古樟树上。

从此，人们便看到青龙与古樟缠在一起，并有此青龙盘柱之形态，故称这古樟为青龙樟。

鹿角樟

庐山黄泥庵有一古樟，其枝干向四周延伸舒展，主干生众枝，附枝又生枝，枝枝不断，其形态如梅花鹿角，英俊奇美，故名鹿角樟。

传说，从前，庐山西麓黄泥庵周边生活着一群梅花鹿，但那里虎豹豺狼成群。为了防止猛兽攻击，鹿群中有一只孤鹿负责放哨。一旦它发出叫声，就说明有猛兽入侵，群鹿便会纷纷逃离。

有一天，一群豺狼悄悄地闯入，被孤鹿发现了。它一声声叫唤，群鹿却没有动静。原来，它们前一天吃了迷魂草睡着了。豺狼越来越近，孤鹿声嘶力竭地鸣叫，直到声音嘶哑。当群鹿终于被叫醒并纷纷逃离时，孤鹿已被豺狼团团围住。

几个月之后，当群鹿返回家园时，见到地上有一副鹿骨。从此，人们叫此地为鹿鸣岭。

第二年，鹿鸣岭上又长出一棵樟树，故人们叫它鹿角樟。

佛手樟

东林寺有一古樟，枝条稀疏，但尽力地向四周扩展延伸，多数伸向地面。古樟高大健壮，苍劲古朴，树枝分叉之形如佛手，以形取名，故被称为佛手樟。

关于佛手樟名称的来源，相传还与东林寺十八高贤之一刘遗民学佛的故事有关。

传说，刘遗民出身望族，弃县令不做，到东林寺一心修行。他半年修行即见到佛光，18年后在入定时又见到了阿弥陀佛。

刘遗民心里念道："如果您真的是阿弥陀佛，能不能用您的手抚摩我的头顶？"

念头一动，阿弥陀佛立即用他金色的手掌抚摩了他的头顶。

他又在心里念道："如果您真是阿弥陀佛，能

佛手樟

树高：15 米
胸围：3.46 米
冠幅：10 米 × 14 米
树龄：1000 余年

樟树群落
胡少昌 / 摄

不能把您的袈裟盖在我的身上？"

阿弥陀佛又把他的袈裟盖在了他的身上。

此后，刘遗民更加虔诚信佛了。他在这棵樟树下讲述他修行的心得体会时说："佛手无处不在，无所不能。"

故后人称此樟为佛手樟。后来，著名园林学家陈从周教授书写"佛手樟"三字，并立一石碑于树下。

圣祠樟

据史籍记载，宋治平年间孔氏后裔为礼祀孔子圣人及孔氏家族历代登科进士建造了祠堂——圣祠。祠堂里当年有圣人孔子的像，还有一位孔子弟子的画像，少有人知道，他有牌位，名叫澹台灭明。当年的祠堂今已不在了，祠堂祀拜二位圣贤的儒家思想还在，祠堂边的古樟树还在。乡人为了纪念他们，便称古樟为圣祠樟。

古樟迄今已有1500多年，它依然树干苍劲，枝繁叶茂。

圣祠堂樟

树高：11.5 米
胸围：4.25 米
树龄：1500 余年

其最大特征为：主干中部横生两枝附枝，平行远伸，如两只欲飞的巨型翅膀。

观口樟

观口樟在温泉镇观口傅家塆。该树基干空洞，内可容一张标准八仙桌。抗日战争时期，曾有村民十余人藏于其内躲避日机轰炸，逃过此一劫难。久而久之，村民视这树为神木，如遇上危病灾祸多依树焚纸烧香，乞求保佑平安，因而多次引起火灾，以致古樟空干断顶。尽管如此，观

观口樟

口樟生命力顽强，拖着残缺的身躯依然开枝散叶，枝条稠密，枝叶翠绿，整树如一巨型的球体。

报国寺古樟

报国寺山门处有一棵樟树，传为南宋时民族英雄岳飞驻防通远驿站时栽种。

南宋绍兴二年（1132年），岳飞奉皇帝之命，率大军进驻江州（九江）。他在庐山西麓附近安营扎寨，在通远古驿站察营，特上白云寺敬拜（当时瘟疫暴发）。为了祈祷各军营将士不染上瘟疫，他求神保佑，并许上这一心愿，随即定捐银修葺寺庙。

一年之后，各军营将士，身体康健，安然无恙。为此，岳飞经常到寺庙敬拜，与僧人研讨佛经。传说，岳飞为感谢寺庙亲手在寺前种上两棵树，一樟，一玉兰。

其后，江州知府领头与地方贤达，为了纪念岳飞，改白云寺为报国寺，将其观下改为报国垄，并建有岳家市。

报国寺不远处又有岳母墓，是当年抗日将士抗日守山时，时常凭吊之处。

2 十古松

◎邵友光

庐山的松树，多为黄山松、马尾松。山上黄山松多，马尾松少。庐山现存古松有95棵，古松多以誉名为名，少数以地名为名。

迎客松（黄山松）

迎客松屹立在五老峰二峰间。松根深扎在石壁缝隙之中。树干分四枝，三活一枯。树冠平顶如偃盖。枝干屈曲遒劲，临空斜翘延伸，如粗壮的臂膀仰掌在迎接天下来客。因其形态，故人们称之为迎客松。

迎客松生长处绝佳，松生二峰巨壁之上，从峰上往下观之，有诸小峰突兀林立，再其下，又有田畴山川、江河湖泊、村庄农舍，一览无余。

松立处，晨可观松下日出朝霞，平日可见白云飞渡，云海绵绵；寒冬时可望松裹冰凌，临空傲雪，坦然无畏。

迎客松举世闻名，用险、奇、峻三字可以概括。险，指它生长在陡峭的石壁上；奇，指它造型奇特，独一无二；峻，指它形象高峻，浑然天成。

迎客松之美名，先经由照片、明信片传播于世，后又有我国工艺美术家将它的形象织成巨幅壁毯，赠予联合国，此后名扬于世。

白鹿松（马尾松）

白鹿松在白鹿洞书院，是以白鹿洞书院的白鹿为名。

相传，唐贞元年间，李渤与兄李涉年少时隐居读书于五老峰南麓。李渤曾驯养一白鹿陪伴读书，故被人们称为"白鹿先生"。

据说，那只白鹿很有灵性。李渤在庐山读书期间，有时要去南康府（今江西省庐山市）买书，白鹿也陪伴同往。有时李渤没时间去，他就把钱和书单放进书袋里，再把书袋挂在鹿角上，让白鹿独自前往。其途有20多里地。书店老板见是李渤的白鹿，便把书放进书袋，还找回零钱，白鹿又悠然自得地返回了家。

有一次，李渤去朋友家返回途中准备过河时，突然天降大雨，洪水猛涨，木桥被冲塌。他正不得过河时，忽然听到对岸有鹿在鸣叫声，发现是他的白鹿。河对岸白鹿边叫边跑，示意前方有桥。李渤往前面行走几里路之后，河上果然有一木桥。白鹿跑上木桥来，在桥头昂首欢叫着，等着李渤，可见白鹿识途。

白鹿松

树高：28 米
胸围：3.5 米
树龄：1100 余年

多少年之后，这白鹿老而死去，埋葬在这里。不久，这里长出一棵小松苗，长大被人们称为白鹿松。

游龙松（马尾松）

游龙松生长在白鹿洞书院。

其树干有一枝向东北延伸 15 米，枝围约 0.79 米。该枝躯干弯曲，而枝头又向上翘昂，酷似一条游龙在林间自由地游动，活灵活现。

传说南唐中主元宗李璟，少年时在秀峰读书。后来，他当了皇帝，仍不忘庐山。有一天，他带文武百官巡视白鹿洞，礼拜圣贤。当他大驾莅临白鹿洞时，有礼宾司仪高声地唱道："皇帝驾到——"

这时，白鹿洞师生，四边乡民，顿时跪拜，高呼："皇帝万岁，万岁，万万岁……"皇帝下轿，文武百官簇拥，山呼海啸，草木摇摆。松林中的松树原本是笔笔直直的，此时，它们也在随风摇头摆尾，喜迎皇帝驾临。礼宾司仪又道：礼毕！

这时，众官和臣民起身。这林中的松树，似乎没有听到"礼毕"二字，还在不停地摇摆着，如一条条游龙。皇帝离开了白鹿洞，它们弯曲的身躯却恢复不了原来的样子了。

从此，人们叫这几棵松树为游龙松。

凤凰松（马尾松）

凤凰松，在白鹿洞书院。

其树干，中分两干，两干各自弯曲翘立，形如两只蓄势欲飞的凤凰，故称凤凰松。

如今，有一干曾被雷击，"凤头"被折，躯干犹存。

如意松（黄山松）

该树在牯岭长冲河边。其松干遒劲，枝叶葱郁，顶如偃盖，枝条垂地。整树疏条往河中披散倾斜，似枝欲饮水状，河水从枝头哗哗溅过，如涤水如意，令人赏心悦目，故称如意松。

枕流松（马尾松）

枕流松在白鹿洞书院，有一"枕流"石刻在贯道溪中，溪旁的小径边，有一松因此石刻得名。

白鹿洞书院贯道溪上有石桥，桥下有溪流出峡，湍急汹涌；又有大石枕于此，故得名枕流石。大石上有朱熹手书"枕流"二字。石桥因而得名枕流桥。桥边有松树，名枕流松。峡门中水石相撞，激浪飞溅，似烟如霞，景象变化万千。此溪处被当地人称为小三峡。峡口处，还有不少先贤石刻，其中"白鹿洞""枕流""自洁"等都是出自朱熹之手。

礼圣松（马尾松）

该树在白鹿洞书院礼圣殿院中，以礼圣殿而得名。

礼圣松高大挺拔，枝叶蓊郁，立礼圣殿边，更显得饱经沧桑岁月，尤为古朴高峻。

华盖松（黄山松）

在白鹿洞书院有棵古松，称华盖松，以形如华盖得名。该松已无存。

华盖松之名又源于一传说，云：

从前，白鹿洞书院有一莲花池，池中生有两只精怪，一只鲤鱼精，一只乌龟怪。二位得洞院供养，千年成精，可变可化，一直在护佑洞院。

至南唐建隆二年（961年），忽然白鹿洞主接到圣旨，南唐中主李璟要巡视庐山，并到白鹿洞拜访圣贤。

洞主接旨后，全洞院师生忙碌了一个多月。他们补墙修路，栽花种草，油漆出新，还新建一石拱桥，从莲池跨向圣贤殿。可他们不知，竟然把桥墩立在了乌龟怪的背壳上。这事池中的鲤鱼精看到了，她在一旁心想，万一，乌龟怪翻身动一动怎么办？而且，她还知道，马上海龙王过生日，他们都要去龙王殿拜寿。鲤鱼精心中着急，可又不会言说，洞主当然不知。

转眼到了农历七月七日，第二天皇帝就要驾到了。乌龟怪从沉睡中醒来，要去给龙王拜寿了。他一翻身，石拱桥轰然坍塌。洞主听响，一看，石拱桥倒塌了。这可如何是好，皇帝要驾到，没有石拱桥，皇帝如何进殿？如果抢修，时间又来不及。洞主恐慌着急，一时没有了办法。这一切，鲤鱼精全看在了眼里。

鲤鱼精想出了个办法，为了救急，趁着夜深无人，她摇身一变，躬身化成一座拱桥，从池边跨到圣贤殿边。清早，洞主一看，拱桥又出现了，喜出望外，不知是哪位神仙相助，连忙俯地跪拜不止。

随即，皇帝驾到，文武百官跟随，旌旗华盖，迎风招展。在莲池边，皇帝下轿，进圣贤殿，一杆华盖插在殿前。皇帝吩咐众官在殿前等候，不能惊吓了圣贤，独自礼拜。返回时，皇帝上轿辞别，洞主相送。可插在地上的华盖，怎么用力也拔不动，就留在了殿前。

此事蹊跷，华盖为何拔不动呢？

原来，乌龟怪翻身致桥塌，心中懊悔不已，想为洞院做件好事，将功补过，就悄悄地钻进地中，用嘴巴紧紧地咬住华盖底部。这又如何拔得动呵？

从此，这华盖就立在殿前，聚大地精华，经风拂雨润，渐变成一棵参天古松。古松挺拔凌空，绿叶蓊郁，如一顶高大富丽的华盖，人们称之为"华盖松"。

御碑松（黄山松）

该松在仙人洞御碑亭旁。其松以御碑命名。

御碑，是明太祖朱元璋为纪念为他打下江山、立过功的周颠等四位仙尊而立的记功碑。

御碑亭是庐山的古迹，耸立在升仙台岭上，古亭、古松相互增色。

在亭上远眺，山下田畴山川，江河湖泊，历历在目，美不胜收。它是庐山著名的景点。

龙冠松（黄山松）

龙冠松耸立在龙首崖上。

龙冠松生长千仞峭壁之上，松枝向崖前斜俯，远望如龙首之冠。此处原称舍身崖，因其松之故，现称龙首崖。其龙首逼真，姿态雄壮，气宇非凡，有诗云：

苍龙昂首朝天啸，倚壁虬螭斗厉饕。

尾扫石狮云水怒，爪擒方印雨风嗁。

龙冠松

诗中描写了苍龙朝天一声长啸，正在与一头恶兽殊死搏斗的场景。苍龙在空中飞腾翻滚，威风凛凛，气壮山河。

龙冠松，酷似苍龙的龙角和龙须。

龙首崖自古便是庐山著名的景观。

日本金松
张毅／摄

茵的草坪上，背靠毛主席旧居大门，面对碧波荡漾的芦林湖。当夕阳西下时，其浑身的针叶会闪耀出金色的光芒。

五针松

别墅庭院内还有一棵树，叫五针松。五针松，别名五须松，松科松属乔木。五针松针叶五针一束，五叶丛生，故名。

五针松干苍枝劲，翠叶葱茏，秀枝舒展，偃盖如画，集松类气、骨、神之大成，为园林中珍贵树种，可做重点配置点缀。最宜与假山石配置

五针松
张毅 / 摄

树高：8 米
胸围：0.81 米
树龄：50 余年

成景，或配以牡丹，或配以杜鹃，或以梅为侣、以红枫为伴。在主要门庭、纪念性建筑物前对植，或植于主景树丛前，更显苍劲朴茂，古趣盎然。

五针松，尤为珍贵，特别是在二十世纪八九十年代。"芦林一号"这棵五针松，它背靠毛主席旧居，生长在大门的左侧，面临波光粼粼的芦林湖水，枝叶遒劲，铺地擎云，雍容华贵，姿态优美。

游客们曾集聚在此松下观赏、留影，赞不绝口。

可惜，2014年该树突发病虫害，经多方抢救，仍无奈枯死，现已无存。

除以上两株，别墅庭院内还有众多的珍贵名木，日日夜夜陪伴着"芦林一号"。

五针松
张毅／摄

4 好一棵遮五丘

◎邵友光

庐山现存的古枫香有 7 棵，其中最奇特且最有名的一棵叫遮五丘。它树干粗壮树冠广阔，气派非凡，遮荫五畦，故人称其"遮五丘"，其所在地也因树而得名。

如果亲临其地，远望这遮五丘树，其顶天立地的雄姿，气壮山河的霸气，让人不由得联想到明朝一位勇猛大将军。

元至正二十三年（1363 年）八月，陈友谅以号称 60 万大军倾巢而来，在鄱阳湖与朱元璋的 20 万大军，进行了一场持续 36 天的决定生死存亡的水上大决战。

大决战开始后，喊杀声呼天动地，两军战船迅速混战在一起。陈友谅军船大、坚固，但速度慢。朱元璋军船小，速度快，操作灵活，两军混杀，难解难分。

常遇春大将军面对陈汉军水师的巨型船只，毫不畏惧，有以一当百之气概，驾驭着船只在湖中左冲右突。

混战之中，朱元璋所在船只搁浅，在水中苦苦挣扎。这一幕被陈友谅的大将张定边发现，他立即率船队来围攻。危急之时，常遇春抬起神箭之手，在船上弯弓远射，一箭射中张定边，使陈汉军大惊失色，一片慌乱，士气大减。

接着，常遇春又用自己的战船撞击朱元璋之船，使其脱离浅滩，自己的战船却搁浅于浅滩里，一时不得动弹了。

太平宫枫香树局部
张毅／摄

突然，陈汉军战败巨舟在顺流漂下时，猛烈地碰撞到常遇春之船，使他的船只幸运地离开浅滩，可重返湖中参战。

常遇春决定组织火攻，发挥小船的优势，乘风纵火。陈友谅的舰队被烧得烈焰冲天，损兵折将人数过半，一时间尸体无数，飘浮湖面。

激烈的战斗后，陈友谅将残余兵力集中于鄱阳湖的鞋山，企图转攻为守，同时又冲向朱元璋所部扼守的湖口，伺机突围。

常遇春率部死守湖口，与疯狂冲过来的陈汉军开始了一场前所未有的硬仗。最终，陈汉军伤亡重大，且始终冲不破常遇春布下的阵局。

在混战中，陈友谅被流矢射中死去，大部分残军向朱元璋投降。这场大决战彻底扭转了双方力量的对比。陈友谅的覆灭，使朱元璋将成为元末群雄中的最强者。

此战如论战功，诸将共推常遇春为第一。朱元璋也夸赞他说："当百万之众勇敢先登，摧锋陷阵，所向披靡，莫如副将军遇春信矣哉。"

常遇春将军，在战场上这气宇轩昂的气概，仅此鄱阳湖边的"遮五丘"树可以相比，故这"遮五丘"被后人称为将军树。

树干上薜荔古藤攀爬在半边树干上，形态万状，如龙似蛇，似兽如禽，又如天然浮雕，盘旋屈曲，见物似物，令人想象万千。

每当秋阳高照，满树枫叶鲜红，古藤翠绿，这一红一绿，相互衬映，形态异常壮美。

太平宫枫香树
张毅 / 摄

5 铁佛寺的古山茶树

◎沈 玲 庐 俊

庐山自古多古寺，寺僧尤为喜爱种山茶，在院前庙后，植三棵五棵、一棵两棵不等。庐山西北麓的莲峰之北的铁佛寺就有一棵古山茶树，尤为有名。树高 5 米，胸围 0.86 米，冠幅 4 米 × 14 米，树龄 100 余年。

《格物总论》记载，山茶花有数种：宝珠茶、云茶、石榴茶、海榴茶、踯躅茶、茉莉茶、真珠茶、串珠茶、正宫粉、塞宫粉、一捻红、照殿红、千叶红。其中佳者宝珠茶也。铁佛寺那棵古茶正是宝珠茶。

山茶花有个很美的名字，叫海红。《类林》记载："新罗国多海红，即浅红山茶而差小，自十二月开至二月，与梅同时，故名茶梅。"清代刘仕亨《咏茶梅花》诗有云："小院犹寒未暖时，海红花发昼迟迟。半深半浅东风里，好是徐熙带雪枝。"此诗描写了犹寒未暖时，山茶花潇洒优雅的形象和高洁超逸的气韵。

我们可以想象铁佛寺的这棵古山茶花，在初春开放的情景：

清晨，天下着羽绒般的雪花，雪地上只留下一两行僧侣的脚印，院中的这古山茶花终于开花了。它们在白雪的包裹中，晶莹剔透，一朵朵绽放得红艳如火。雪树红花，让寺院更显得寂静无声。

古山茶花
宗道生／摄

6 莲峰下的古青檀

◎邵友光

古青檀局部
张毅／摄

青檀树在庐山原本不多，古檀树更是少之又少。听说在威家、高垅乡有几棵，得到验证的有两棵：一棵在威家镇积余桥老屋琚家，另一棵在高垅捉马岭茶场的莲峰陈村。

走进陈村，据村民陈乐胜介绍，村子有百来户人家，绝大多数人姓陈。从前，陈村后靠一莲蓬峰，即为村取名莲蓬峰陈村。到清末时，据本村的一个"探花"说，莲蓬峰不雅，就改称莲峰陈村，且一直沿袭至今。

莲峰陈村的古青檀树长在田坂中间的古樟树旁，十分醒目。村民称它黑樱桃，也俗称它为泼皮树。据说，秋天时，这树结的果非常好吃。村民介

144

绍，青檀树木质坚硬，可做农具，如车轴、榨油筋①和木工刨架等，它的皮还是制造宣纸的优质材料。

莲峰陈村的这棵古青檀树胸围 3.55 米，高 30 米，冠幅 15 米 ×20 米，树龄 500 余年。它与大古樟生长在一起，根枝相连，树梢头紧紧相挨。它那挺拔潇洒的身姿，有欲与古樟比肩之意。

古青檀的树干被古藤纵横交错地缠绕着，初冬时，树叶虽全部凋零，但有古藤的绿叶点缀其间，仍会散发出勃勃生机。

（受访者：陈乐胜，72 岁，莲峰陈村党支部原书记。）

---

① 榨油筋：农村一种榨油工具。

7 半山亭的稠李树

◎徐　智　邵友光

　　登庐山，有一条莲牯官道，道路弯曲笔陡，有 18 里山道，人称好汉坡。登上好汉坡，即可遥遥望见牯岭。在张望处有一翘檐凉亭，叫半山亭。亭边有三棵稠李树。稠李树树干有 10 多厘米粗壮，在庐山稀少而珍贵。

　　登山游人年年四季不断，路过时均可见到这三棵稠李树。如留意会发现，其叶善于变化：春天看，它青绿嫩色，夏季变成紫红里含绿，再到秋时，它又变成紫红色，深秋会变成通红色，一望满树的红叶，如林中的一团团火焰。因叶色多变，故有人称它是"彩色的稠李"。

　　花开时，如果留意它的花，会发现花是一缕缕的垂吊在枝头上。这花可不叫朵，不叫蕾，可叫它花穗。稠李是一种多花的树，一穗花长 7~10 厘米。花季时，叶还是新芽，远远望去，满树就只见这花穗。这洁白如玉的花，散发着馥郁的芳香。故又有人称它是"馥郁的稠李"。

　　叶赛宁《稠李树》一诗详细描绘了它的全貌："馥郁的稠李树，和春天一起开放，金灿灿的树枝，像鬈发一样生长。蜜甜的露珠，顺着树皮往下淌；留下辛香味的绿痕，在银色中闪光。缎子般的花穗，在露珠下发亮，就像璀璨的耳环，戴在美丽姑娘的耳上。在残雪消融的地方，在树根近旁的草上，一条银色的小溪，一路欢快地流淌。稠李树伸开枝丫，发散着迷人的芬芳，金灿灿的绿痕，映着太阳的光芒。小溪扬起碎玉的浪花，飞溅到稠李树的枝杈上，并在峭壁上弹着琴弦，为她深情地歌唱。"

　　如果是秋天经过半山亭，还可采摘它的树果。其果紫红色，一串串的如颗颗珍珠。这果实可食用又漂亮，惹人喜爱。

8 匡庐双桂

◎邵友光

庐山多生桂树，双桂颇多。山上山下，每到金秋，桂花飘香。

秀峰双桂堂的双桂

秀峰，位于庐山南麓，是聚香炉峰、文殊峰、双剑峰、鹤鸣峰、狮子峰、龟背峰、姊妹峰等诸峰的总称。这些山峰，千姿百态、玲珑秀丽，自古便有"庐山之美在山南，山南之美在秀峰"之说。

据史载，南唐中主李璟少年时曾在此筑台读书，继位后在读书台旧址建寺，取开国先兆之意，命名为开先寺。清康熙四十六年（1707年），康熙帝南巡时手书"秀峰寺"匾额赐寺僧超渊，该寺遂改名为秀峰寺。

其实早在康熙四十二年（1703年），康熙即御赐手书《般若心经》一卷，命巡抚张志栋护送至寺中。寺中格外重视，特为此经书造"御书楼"。御书楼成了秀峰寺的藏经楼，因楼堂前种有两棵桂树，故该堂又称双桂堂。根据相关资料推测，这两棵桂树应是南唐建开先寺时僧人所植。

双桂堂，上下两层，翘檐歇顶，青砖青瓦，古香古色。"双桂堂"三字，为书法大家张旭手书。双桂堂后有一水井，其"聪明泉"三字，又由黄庭坚手书。双桂堂前面的两棵桂树树高在17米以上，树龄1000余年，被列为国家一级保护古树。

这两棵老桂年年八月开花，且有个不寻常的特点，秋季一般桂花树开一次花，可它有时开两次，人称"桂开二度"。花香清香袭人，浓香远逸，又有一丝丝甜蜜的幽香，且经久不散。花开时，也十分好看，满树

秀峰双桂
邹芹 / 摄

银色细小的花瓣儿，密集地散布在青枝绿叶中。两棵古树树干千疮百孔，沧桑遒劲，与上端的绿叶银花成鲜明的对照。古树发新花，给人一种惊喜和奇妙之感。

南康旧府衙双桂

现庐山市政府对面有两棵老桂树，一棵金桂，一棵银桂，相传为朱熹任南康知军时于府衙院内手植[①]。

二桂相隔不过 10 米。树龄均近千年。

这金银二桂开花时，一处花儿似金色蝴蝶，一处花儿好像银色的雪花。花儿带着浓香，随风飘荡。花开次日清晨一望，东边地上一片金沙，西边树下银沙一片，金银沙还在沙沙地响着。

当地人说起庐山哪里桂花最好，几乎没有人不说："最香的桂花，当算府衙的双桂！"

白鹿洞双桂

白鹿洞，第一个四合院称"先贤书院"，其中一个两层楼阁名为御书阁。阁是康熙赐御匾额和古书后，由南康知府周灿请建。阁前建有双桂亭。

双桂亭前有二桂，桂下有石碑，刻有文字：紫阳手植丹桂。紫阳先生，朱熹别名。

相传，宋淳熙六年（1179 年）朱熹任南康知军后，在此院讲学期间手植丹桂两棵，不偏不倚，对称排列。

---

① 朱熹手植丹桂一事在《南康府志》卷首有绘图标明。

9 万象亭旁的麦吊云杉

◎邵友光

麦吊云杉属常绿大乔木，为我国特有的树种，主要分布于秦岭、大巴山脉及四川北部等地。江西庐山也有栽培。牯岭日照峰上有一座万象亭，亭旁就有一棵麦吊云杉。

这万象亭，是何人所建？据史料记载，它与朱仙舫有关。朱仙舫（1887—1968），江西进贤人。他是我国第一代纺织工业管理专家、实业家，江西民族纺织工业奠基人。在 20 世纪 20 年代，他生产的 16 英支（密度单位，16 英支约为 36.91 特克斯）"庐山牌棉纱"成为品牌。朱仙舫去世后，人们为纪念他而建万象亭，并将其葬在亭下一层。

麦吊云杉
张毅 / 摄

亭子高大，明两层暗三层；云杉更高大，起码高于亭一层有余。游人至此，立亭中遥望，亭下景色壮美。傍晚，可见日落晚霞，可观九江城夜间灯火。晴空下，又可见九江高楼林立，鳞次栉比；可观纵横如画的江河湖泊，以及隐隐青黛的远山。这里登高又能望远，是一个少有人知晓的较佳观景台。

在这陡峭的山崖边，树和亭在一起已经多年了。亭旁的麦吊云杉，它早生于亭并与亭相依相伴。

麦吊云杉
张毅／摄

树高：25 米
胸围：1.58 米
冠幅：8 米×5 米

10 斗米洼珙桐树

◎胡少昌

珙桐，属落叶乔木，是世界上濒临灭绝的、非常珍贵的、我国独有的单型属植物。

珙桐，又名鸽子树。相传汉皇帝为了胡汉和亲，让王昭君出塞嫁给呼韩单于。昭君日夜思念家中的亲人，便让白鸽为她传信。家乡路途遥远，鸽子飞啊飞，信虽送到了，可它因劳累过度吐血而死，最后化成一棵鸽子树。

珙桐
张毅／摄

庐山掷笔峰西南峰下斗米洼，是牯岭的一块风水宝地，洼前有条将军河流过。此地流传着和尚种鸽子树的传说。

从前，这地方四周都是山地，中间为一山洼，住有几十户菜农。洼中还有一个小寺庙，庙里住了一师一徒两个和尚。有一天，老和尚出外云游，让小和尚守庙，临走时交给小和尚一个盛满米的米斗，并叮嘱说："不到荒年，斗里的米不可吃啊！"

说完，老和尚就走了。

小和尚听从师父的话，不到荒年不吃斗中的米。三年过去，米仍是满斗未动。到第四年，庐山突遇大

珙桐
张毅 / 摄

旱灾。小和尚没有饭吃了，才食用了这斗中的米。第二天，他又饿得慌，又来取米，看见斗中的米还是满满的，一点没少。再取、天天取，还是一样。原来，这是一个取之不竭的宝斗。

小和尚遂用这宝斗里的米，救济村民。从此人们称此地为斗米洼。

一年年过去，小和尚也变成了老和尚，每逢荒年就用宝斗里的粮食救济村民们。久而久之，村民们把宝斗视作斗米洼的宝物。

有一年春天，突然一夜电闪雷鸣、大风狂作，小和尚圆寂了。村民们安葬小和尚后，却找不见这个宝斗了。他们在庙里庙外四处寻找，仍找不到，只发现庙前出现一棵从未见过的大树。后经打听才知道，那是一棵鸽子树。村民们都认为，宝斗变成了鸽子树。每当春天来临，一树奇花，极似满树栖息欲飞的白鸽。村民们极其喜爱、珍惜这棵在灾荒时给予他们帮助的宝斗变成的鸽子树。

如今，斗米洼村人还喜欢栽种鸽子树。因为它寓意吉祥，又象征世界和平。

11 法国梧桐在牯岭

◎邵友光 邹 芹

    法国梧桐与梧桐，虽都有"梧桐"二字，却是不同的树种。法国梧桐又名悬铃木，属悬铃木科，而梧桐属于梧桐科。

    牯岭上的法国梧桐，都是从外地引进栽培的。当年英国传教士李德立开发牯岭，租地建房、修路架桥。一年之后，一栋栋房屋分布在各个山岭，可新建的街区没什么树木，急待绿化。李德立大力倡导绿化种树，法国梧桐因成活率高，又生长得快，便成了牯岭街区行道树的首选。

    有一天，李德立的女儿跟着他爸爸去长冲河老十六号桥处种梧桐树。她拿着小铁锹，扛着小树苗，挖树洞，栽树苗，与大人们一起，沿长冲河两边，一直往河西路而下。1988年，李德立的女儿带着一家人从英国来到中国，来到庐山牯岭老十六号桥边。当她见到那一片参天耸立、那几棵要三四个人才能合围的法国梧桐时，她双手抱着树，惊讶动情地说道："都长这么大了，你们是我们亲手种的。"

    庐山非常适宜法国梧桐生长，树苗极易成活。在地上挖个洞，插上小苗，一两场春雨后，就会发芽。据说，曾有人上山时，折了一节法国梧桐小枝干当拐杖用，临走时随手插在河边，等来年上山，这"拐杖"便生根发芽了，拔都拔不动。

    到秋天，法国梧桐会结满小果球，一串串的，如铃铛随风摇摆，别有一番情趣。但法国梧桐也有缺点，果球和叶子又爱长一种绒绒的白毛，起风时满天扬花，容易吸入鼻腔，又妨碍行人的视线。此外，秋天落叶

法国梧桐
张毅 / 摄

也多，道路难以清扫。

2005 年为了改造行道树，管理局请来了武汉的专家。专家建议对一批法国梧桐进行修剪，然后做嫁接处理，让它们不再长那果球。从正街往仙人洞一线，一些法国梧桐被修剪了不少树枝。

一年后，这些法国梧桐又长了新枝，而且越长越好，他们有了新的树冠，既能为行人和车辆遮阴挡阳，也不再有四处纷飞的扬花了。看来，方法行之有效。

如今，法国梧桐成了牯岭街上一道亮丽的风景线。

法国梧桐
胡少昌／摄

12 复壮三宝树

◎章 蜜

庐山黄龙寺山门前，有三棵参天古树，一棵银杏，两棵柳杉，各高约40米，粗约四人合抱。其中银杏是晋代昙诜大师所植，有石碑碑文"晋僧昙诜手植娑罗"为证，至今有1600多年了。另两棵柳杉，相传是明彻空禅师在黄龙谷先后驯服一黄龙一乌龙后，建黄龙寺时栽种，树龄也有800多年了。众人都说，三棵大树由名师们所植，有驱邪送福、化解仇怨之功效，所以称它们为神树。三棵大树又像佛教中的一座座宝塔，又被称为三宝树。庐山的三宝树，历史悠久，声名显赫，已被列为重点保护古树。

不料，时至2005年，有一天，护林员在巡护时发现，其中的银杏，枝叶枯萎，树干霉变，呈现严重衰弱迹象。这件事非同小可，庐山风景名胜区管理局领导高度重视，指示相关部门采取紧急抢救措施，启动古树复壮工程。

有当年在场的谭工介绍说："先后邀请来自江西农业大学、南京林业大学和本地共六位专家学者，三次亲临现场勘查取样化验，后交滁州的两位专家，在山一周指导工作人员对病树进行治疗。"当时，专家先敲打树干，发现树已经空心。他们便在树干的腐烂处，小心地凿开一个小入口，可让人进入空心树干当中。当他们钻进树干中举手电筒往四面一看，发现空心面积很大，可放一张四方桌有余。专家们决定刮除树干中腐烂殆尽的树干芯层，刮出的腐烂树干芯层足堆起一人多高。随后，专家们取病树病灶化验，并进行会诊，提出治疗方案，采取一系列复壮保护措

三宝树之银杏
章蜜／摄

树高：约 40 米
胸围：5.53 米
冠幅：22 米 ×22 米

施与方法。

一是封堵树木空洞，用经波尔多液消毒的黄心土和木炭为填充材料，并用水泥封口。二是搭建工作架，对已枯死的骨干枝涂抹防腐剂、油等防止进一步腐朽，达到保持古银杏古老、苍劲、沧桑、雄伟的观赏价值。三是改善土壤通透性和光照条件，去除其树冠投影范围内的全部硬质地面，加宽游步道，以恢复土壤的通透性，最大限度地降低游客活动对古银杏生长造成的不利影响。并对古银杏周边生长的柳杉、拐枣、毛竹、法国梧桐等树木进行必要的修伐疏枝，以改善三宝树的光照条件。四是控果，在每年4月中旬，大多数花胚珠雌花胚顶端出现晶莹剔透的水珠时，采用把经晒干、碾碎、过筛后的黄心土粉末喷撒至胚珠上或摘除其附近雄珠上青绿色的雄花花序及已成的幼果等方式，有效控制其结果，以最大限度降低古银杏水分、养分的消耗。

同时，在发生虫害期间，喷施敌敌畏并加入几滴煤油于树冠进行病虫害防治；在古银杏树冠投影以外，逐年逐次轮换开挖深、宽、长适度的放射沟，在不同时节，分别施入适量速效氮肥、复合肥、有机肥等。

经过近3年时间的复壮治疗，古树长势明显好转，复壮工作顺利完成。如今，十多年过去了，三宝树恢复了往日的英姿神态。它们依然参天傲立，生机勃勃，枝繁叶茂。

三宝树局部图片
张毅/摄

13 鹅掌楸花开

◎邵友光　隗群英

鹅掌楸，木兰科，鹅掌楸属，属国家二级重点珍稀濒危保护树种。鹅掌楸在白垩纪恐龙时期，即在北半球有分布，在日本、意大利、法国都曾找到它的化石。该属植物经过第四纪冰川气候后，目前世界仅存原种鹅掌楸和北美鹅掌楸两种。它们被称作活化石植物，是世界上最珍贵的树种之一。

鹅掌楸
张毅／摄

牯岭长冲河边的原种鹅掌楸树，称六棵树
张毅／摄

树高：20 米（一树六侧干）
胸围：约 7 米
树龄：500 余年

20 世纪 30 年代，鹅掌楸最早由外国人引种到我国江南各省，包括庐山。当时庐山有许多在山租借居住的外侨，因此引种得最早、最多。

如今庐山有三种鹅掌楸。原种鹅掌楸树庐山比比皆是（长冲河边的六棵原种树，为牯岭东谷一绝），北美的鹅掌楸植物园草花房有几棵，杂交的鹅掌楸庐山也有。

三种树树叶有差别。原种鹅掌楸，四齿叶，叶形如黄马褂，马褂袖口平滑；北美鹅掌楸的叶片则在袖口边还有一裂，外形上更像是鹅掌；杂交鹅掌楸则兼具两种叶形特点，但以工整马褂状居多。

它们三者花朵形态也不同，从花朵形态上区别：原种鹅掌楸的内轮花被片为绿色，具黄色纵条纹，开花时雌蕊群超过花被片；北美鹅掌楸的内轮花被片为灰绿色，近基部具不规则的橘黄色带，开花时雌蕊群不超过花被片；而杂交鹅掌楸遗传双亲的优点，花形保持着郁金香的造型，但花色褪去了绿而更显得金光灿烂，在阳光下出落得愈加楚楚动人，如一尊尊高贵华美的金杯。故鹅掌楸被外国人称为中国的郁金香，也曾作为 2008 年北京奥运会的指定树种之一。

14 红艳艳的鸡爪槭

◎周佩祺

　　登上庐山游览观光，与登他山不同。其自然奇观平时有：云海、瀑布云；山间日出、山间晚霞。四季之中：春赏桃花，夏览荷花，秋望满山红叶，冬阅山巅冰雪。

　　如今上山看红叶、拍红叶已成为一种时尚。当漫山遍野的红叶秋红时，公路上往往小车如梭，人流如织，持续半月有余。

鸡爪槭
张毅／摄

鸡爪槭
张毅 / 摄

上山看红叶拍红叶，若要取得好效果，则需关注时间和对象。每年约在 11 月 1 日至 15 日为最佳拍摄期。拍摄对象以东谷美庐庭院中的鸡爪槭、中路边邓小平旧居前的鸡爪槭为佳，还有西谷的花径、大天池、电站大坝的鸡爪槭。最壮者当数植物园大草坪上，那五六棵高大挺拔又如火若焰的鸡爪槭。在四周青山的背景中，在绿茵茵的草地的衬映下，它们庞然大气，映红了一片蓝天。红叶在这里燃烧得红艳艳的，为庐山的又一大奇观。

15 华木槿

◎胡少昌 冯 艳

华木槿，一种落叶灌木或小乔木。

华木槿花期在秋季，开放时非常漂亮，绿叶枝头绽放着一朵朵花儿，那花瓣白里透红，花蕊红里透黄。花枝随风摇曳，树摇花动，在阳光下分外妩媚动人。元末明初舒頔《木槿》古诗云："亭亭映清池，风动亦绰约。仿佛芙蓉花，依稀木芍药。"

庐山的华木槿，当地人都叫它"搭^①碗花"。

华木槿
张毅／摄

---

① 搭，方音为 dāo。庐山俗语，为摔之意。

山上人为什么叫它搭碗花呢？

原来啊，这花长得漂亮，小孩们就喜欢爬上树去采。家长就告诫说，这树不能爬，爬上树，回家吃饭就会"搭"饭碗，"搭"了饭碗就会挨打的。

小孩想：爬上树就会搭饭碗，这又是为什么呢？

老人都这么说：这花儿十分漂亮，小孩见了就忍不住上树去采。可这美丽的花一般长在树梢上，树枝又容易折断，一不小心，小孩就会摔下树来。尽管如此，小孩摔下树来之事年年都有发生。

可见花有多美！

16 黄龙青冈

◎邵友光

青冈，壳斗科，一种常绿乔木，又名青冈栎、橡树、橡子树。

青冈的树叶很神奇，对气候反应敏感，叶绿素和花青素的比值会随气候而变化，所以又称"气象树"。其花，黄绿色；其果实，椭圆形，含有丰富的淀粉。

青冈树适应生长于海拔 500 米左右的次生常绿林中。在大坝至黄龙寺沿途有多棵粗壮的青冈树。它们高大挺拔，长势茂盛，当地人称之为栗橡子树。据统计，庐山青冈古树共有 2 处 6 棵，除大坝外大天池也有。

在旧社会，青冈树是当地人烧木炭的最好材料。牯岭街上，有烧炭人把此炭卖给洋人，洋人当年叫它白炭。

在三年困难时期，青冈树的果实也大有用处。据老干部们回忆，那时粮食供应紧张，管理局号召全体干部职工去黄龙、大坝采栗橡子。

他们先把栗橡子从树上敲下来，再拾进米袋子中驮回家。然后把栗橡子加工成粉，这中间有很多道工序：首先要晒干，破壳，再装进米袋子中浸泡，一直泡到水清为止；再把果实磨碎，装进米袋子中过滤出淀粉；最后把淀粉晒干，装袋保存。

加工的栗橡子粉并不好吃，要掺入其他杂粮中，煎成饼，才勉强可以入口。困难时期，这便是当地居民的代用粮。

栗橡子粉还有一个奇特功效，能治上火牙痛。牙痛时，取一汤匙栗子粉，用小火煎熬，服后，第二天一般能缓解疼痛。

大坝至黄龙寺小路的青冈
张毅／摄

树高：30 米
胸围：2.4 米
树龄：250 余年

17 江南第一桐

◎邵友光

　　泡桐树，为玄参科泡桐属的树种，属于落叶乔木。泡桐树通常有两种，一种是开白色花的白花泡桐，一种是开紫色花的毛泡桐。一般南方白花泡桐多，北方紫花泡桐多。泡桐的花朵状似喇叭，也称喇叭花。花开时会散发出沁人心脾的香气。

　　庐山泡桐树不少，但只有一处有树龄较长的古白花泡桐，在铁佛寺毛竹林中。此地原有两棵古泡桐树，但一棵在 2005 年因强风腰折死去。另一棵幸存的泡桐古树，实为珍贵，树龄 200 余年，被林业部门称为"江南第一桐"。该树虽主干已空洞，秃顶枯梢，但时萌新枝，枝叶茂盛。

古泡桐
宗德欢 / 摄

树高：30 米左右
胸围：3.55 米
树龄：200 余年

18 詹家岩的罗汉松

◎胡少昌

罗汉松，又名罗汉杉、土杉。常绿乔木，属国家二级保护植物。罗汉松在结果后，果如罗汉端坐，故名。罗汉松象征着健康长寿、富贵吉祥、事业顺利之义。

白鹿镇万杉村詹家岩有一棵古罗汉松，名叫赣北罗汉王。

远远望去，这棵罗汉松枝繁叶茂，枝叶多有新生。整棵大树，傲然挺拔，如一把巨伞，浓荫覆地400多平方米。走近看，它的根部，盘根错节，纵横20多米，直插岩层之中。它生长的环境十分优越，邻近万杉寺，与陶渊明故乡的玉京乡又隔涧相望，距星子县（今庐山市）城仅3公里。

当我第一次走近它，映入眼帘的是它经历沧桑岁月的样子，仿佛面容慈祥的老爷爷。我永远忘不了那一刹那的感受，眼泪缓缓地流了下来。据查，这棵罗汉松树龄已有1600多年。

在庐山保存的罗汉松古树有5处8棵，其中3棵树龄在千年以上，另5棵分别为350～400年。不仅在庐山，甚至在九江方圆百里，詹家岩这棵罗汉松均以其树龄老、树木高、胸围粗、冠幅大、树形奇、古藤如浮雕而闻名。该树于2016年被九江市绿化委授予"九江市十大树王"称号，2018年被全国绿化办公室和中国林学会评为"中国最美古树"，2019年又入选"江西十大树王"。

附记：

2005 至 2006 年间，一上海客商，前后三次来万杉村詹家岩商购这棵罗汉松一事。

这位客商第一次愿出资巨款 100 万元购树，因价钱问题没谈成；第二次，愿出 200 万元，村里意见不统一依然未果；第三次，愿出资 250 万元，还是村民意见不统一，仍然未果。最后客商十分丧气地离去了。

后来，全村村民为此树共同订立一份《乡规民约》，规定：今后不管

詹家岩罗汉松
张毅 / 摄

树高：18 米
胸围：5.97 米
树龄：1600 余年

谁、出资多少，永远不卖这棵村中宝树。

这一乡约的签订，获得九江市绿化委办公室的表扬，并获嘉奖。望世代子孙，永守乡约，保护好这棵罗汉松。

19 垂枝樱

◎邵友光　黄家辉

庐山牯岭街心公园，是居民和游人的暑期休闲聚散处。公园里有一棵垂枝樱，春天里垂枝如柳，秋日时满树开着缕缕橘黄色的花。

据老园艺师们讲，庐山垂枝樱原有三棵，20 世纪 80 年代初由杭州市园林局赠送。一棵在庐山植物园，两棵在花径公园（草花房）。1982 年前后，将草花房其中一棵垂枝樱移植到街心公园。后来，移植

垂枝樱
张毅／摄

177

的这一棵亭亭玉立，花朵盛放，而另一棵无存。

　　庐山这棵垂枝樱貌似寻常，实则不然。市政管理所考察浙江省金华浦江全国最大的垂枝樱培植基地时，从基地负责人口中得知：全国类似的垂枝樱有四棵，北京玉坛公园、辽宁抚顺某地、西安青龙寺、庐山街心公园各一棵。其他三地的树胸围均在 20～30 厘米，唯独庐山这一棵，胸围达 46 厘米，是全国最大且十分罕见的一棵双杆、单瓣野生的垂枝樱。

　　此树形态优美，尤其在冬季，有雾凇时形态更加惊艳。

垂枝樱
张毅／摄

20 豆叶坪的连香树

◎胡少昌　赵为旗

　　庐山豆叶坪毛竹林中的百药屋地基前，生长着一棵连香树，据说为明代道士栽种。冬去春来，它始终悄悄地开花结果。

　　这棵连香树，看似寻常，其实仔细观察它的叶子就会发现，其树叶呈心形，可爱美观。满树一片一片的心形叶片连在一起，人们形象地称之为"心连心"，喻义心相连、爱相连。

　　它的叶子还会随季节而变化，春为紫红色，夏为翠绿色，秋变金黄色，冬成深红色。在众树之中，它是一种多变的彩叶树种。

连香树
张毅／摄

连香树不但树叶色彩多变，花朵也开得漂亮，而且特别。它花期短且时长不定，有时开一周，有时花开一夜，次日就不再开了。

连香树在庐山还有一个美丽的传说：

在远古时期，庐山下是一片汪洋大海。有一天，有位美丽的龙女下凡了，行走在山中。龙女不慎被蛇咬伤，昏迷不醒，奄奄一息，生命垂危。这时，正巧有一个上山采药的青年郎中路过，他见到生命垂危的龙女，便进行搭救，随即采了点草药，敷在龙女的伤口上，然后在一旁久久守候。后来，龙女苏醒了，十分感激郎中。二人一路回家，后互生情愫，并私订终身，从此过上了幸福美满的生活。

连香树
张毅 / 摄

后来，这事终被老龙王发觉。龙王极力阻止，龙女被迫遣返。

自此，失去龙女的郎中郁郁寡欢，因思妻心太重，不久便忧伤死去。家人就把他埋在庐山脚下。不几年，他的坟边长出了一棵树。

龙女得知了此事，便偷偷地跑到凡间，找到了夫君郎中的坟墓。她悲伤不已，伤心痛哭，其思夫心更加沉重，随即口吐鲜血而亡，鲜血洒遍山谷，化成满山的红杜鹃。郎中的家人把龙女埋在郎中的坟边，让二坟紧紧相连。不几年，龙女的坟边也长出了一棵树，与郎中坟边那棵树紧紧挨着。不久，二树树枝合手相连，竟然成了一棵连理树。

庐山人们为他们这种坚贞不渝的爱情所感动，从此，称这种树为连香树。

21 柳杉王

◎邵友光

柳杉
张毅 / 摄

树高：41 米
胸围：6 米
树龄：700 余年

在庐山黄龙寺三宝树中的两棵柳杉，又称婆罗宝树。两棵柳杉相传为在此降龙的明彻空禅师手植。此二棵柳杉，立于一片森林之中。相较之下，森林他木小如草，柳杉大如树。其高大与众树殊然不同，它树冠庞大，如山峰耸立，荫蔽半边天，让无数游人为之赞叹。

柳杉古树，庐山有 5 棵，黄龙寺二棵，海会木瓜洞、庐山垅张神岭和黄岩寺各有一棵。以"六最"标准衡量，加名禅师手植，黄龙寺这两棵宝树，堪称柳杉二王。

22 黄檀

◎邵友光　李乐寰

檀，梵语是布施的意思。檀木木质坚硬，气味芬芳，色彩绚丽，难以腐朽，又能避邪，是人们喜爱的珍贵佳木。

黄檀，蝶形花科，属乔木，皮暗灰色，羽状复叶，圆锥花序，花冠漂亮，淡紫色或白色，产于我国各省市地区。

庐山现保存下来的古黄檀树，有4处6棵。大塘张家山墓地中有一棵。该树枝干遒劲，主干爬满青藤，树龄300余年。东林寺院中也有一棵，相传为南宋遗物，树高16米，胸围2.14米，树龄800余年。该树干心腐朽空洞，树冠虽然残缺，但依然蓊郁葱葱。

黄檀
张毅／摄

黄檀
张毅 / 摄

树高：16 米
胸围：1.7 米
树龄：300 余年

第四辑

1 大天池寻找古树名木

◎邵友光

大天池是佛教圣地，由东晋僧人慧持创建，宋僧智隆将其更名天池院，明太祖赐名天池护国寺，并将其扩大成为皇家寺院。但近代因遭日寇毁坏、被雷击，仅留天池、文殊台、四贤亭、天池塔。大天池历来香火旺盛，如今虽然比不上往日兴盛，但留下的古树名木还真不少。

柘木

柘木，又名桑柘木，落叶灌木或小乔木。传说柘木是精卫鸟栖息之树，因此人们崇敬地称它为神树。

关于柘木的来历还流传着一个神话故事。传说，在商朝周武王伐纣时，太乙真人的徒弟哪吒已经出世了。因他得罪龙王，龙王要治其罪。太乙真人得知哪吒有难，即命仙鹤前往搭救。谁知仙鹤飞到昆仑山，因贪吃长在山上的柘桑果，耽误了救哪吒的时间。当仙鹤忽然想起此事时，慌忙中口噙柘桑果核飞上空中。等它飞到哪吒身边时，哪吒已经气绝身亡，它只好把哪吒的魂魄带走。归途上，仙鹤把口中的果核吐出。那核随风飘摇，最后落在了大地上，随之生根发芽，在大地上长出了一棵柘桑树。仙鹤贪吃柘桑果误了营救哪吒的时机，太乙真人得知后，便作法使柘桑树的核不可培植，至今仍靠根才可生出幼苗。为了不让仙鹤再偷吃柘桑果误事，他又作法让柘桑树的枝条长出长刺，使仙鹤不能在此树上落脚。

这则神话故事说明了柘木培育方式和枝条长刺的特点。有此传说，也反映柘木是一种名贵树木。确实也是，柘木全身都是宝，和紫檀齐名，

柘树
张毅／摄

在古代有着帝王木之称，在民间也有"南檀北柘"的说法。

柘木最珍贵的是它生长缓慢的柘黄，柘黄色是昔日帝王的专用色，因此柘木又被称为"黄金木"。

100 多年前，黄龙寺、天池寺流行三件宝：乌拉草、八音石、大佛珠。乌拉草为东北一草，可做成鞋垫吸汗，外国客人喜欢。八音石，一块薄玉石上，厚薄不均，分别有 8 个罗汉像，用小锤子分别敲击，发出的声音各不相同，但均清脆悦耳。至于这大佛珠就与柘黄有关。

当时，天池寺归黄龙寺住持青松和尚主管。传说他和弟子在寺边栽了一些柘木，并取柘黄制作上等的佛珠。据说，经过青松师父开光的大佛珠，十分灵验，供不应求。

柘木在庐山十分稀少。天池寺有柘木 8 棵，其中一棵树在大天池寺院道场石驳坎下，胸围 1.02 米，高 10 米，树龄 120 余年。这一棵柘木，根部空洞，但整体树状生长良好。

椋木

在天池寺山门边又有一古树，名椋木。胸围 1.7 米，高 20 米，树龄 150 余年。

椋木为落叶乔木，常见于海拔千米左右的落叶阔叶林中，生长缓慢，材质坚韧，为硬木用材树种，花期早，属早春观花树种。

金竹坪也有两棵古椋木，一棵长在巨石之上，雄伟挺拔；一棵枝叶茂密，长势旺盛。它们比大天池的椋木树龄长，均有 500 多年，为明万历年间建千佛寺之前的自然残遗。

天池寺为明朝皇家祖寺。其山门边的这棵椋木，相传为千佛寺僧人所敬献。

白檀

在天池山龙鱼池边不远的树林间有一古木，名白檀。该古树在山上少见，为落叶灌木，嫩枝披毛，叶椭圆形，边缘细锐锯齿，花生枝顶，花白色，核果黑色，全树可做器具或上等香料，亦可入药。

传说在 20 世纪 20 年代初，山下汪家山有一村民，名叫汪大良。因母亲生一疮疖十分痛苦，他便请来郎中医治。郎中诊断后开一药方，经多方搜寻，其他的药均有了，仅少一药，名叫白檀。

郎中又说，这白檀山下没有，只有上庐山，天池山上才有。大良为了母亲的病，便上了山，好不容易才找到这龙鱼池边的白檀。正准备采些枝条时，他抬头一望，树上正缠绕着一条大蛇，有茶杯粗，蛇仰头吐信，警觉地望着他。

没有办法，大良心想：你现在守着树，但总不能一直不走吧?!

于是，大良就住在了寺里，住了三天，这蛇还在树上，就是不肯走。

寺里的小和尚对大良说："这样干等着也不是办法。你去黄龙寺找青松师父吧。"

大良去了黄龙寺，向青松师父说明原委。青松爱民，他亲自来到天池寺。在白檀树下，他合掌念了一句佛经，那树上便发出沙沙响动。接着，那条大蛇乖乖地爬下树来，消失在丛林中。

大良采下几根枝条，再三地感谢青松师父。

青松连说："阿弥陀佛！阿弥陀佛！"

刺楸

刺楸，别名鸟不宿、钉木树，有毒植物，为中国广泛分布的珍贵阔叶树种。天池寺有两棵刺楸，树龄都是 400 余年，均高 30 余米，胸围不一，一棵 2.2 米，一棵 1.89 米。

关于刺楸，当地还有一个传说：

从前，天池寺有两个和尚，一老一小。老和尚心狠，每天要小和尚砍柴，一天一担，而且，要砍长刺的柴。小和尚没有办法，砍柴的双手，经常被树刺伤，血淋淋的。有一天，下了大雨，小和尚没有砍到一担柴火，只砍回来一捆。老和尚很生气，他抽出柴中一根柴棍便打。那可是根长刺的棍呵，小和尚被打得鲜血直流，十分可怜。

一天清晨，寺里突然闯进三个汉子，是山下上来的强盗。强盗逼老和尚给香火钱，老和尚不给，便被绑了起来。这时，小和尚正砍柴归来。见此情景，他勇敢无畏地冲上前去，拿起门边带刺的木棍，与三个强盗搏斗。他一心救师父，奋不顾身。三人被打倒了两人，还有一人，见小和尚两眼充满怒火，手中的木棍又长满了一颗颗长刺，便吓得拔腿就逃跑了。

老和尚很是悔恨，觉得以前不该那样对待徒弟，于是他准备用刀削去那木棍上的刺。又想，刺还是留着吧，以后不再用它来打徒弟了，仅做防身用。

从此，师徒俩爱徒尊师，和睦相处。

此棍便是那刺楸树枝干。

杜鹃

杜鹃，又名映山红，一种常绿灌木。春天时，天池山上会开满杜鹃花，在青山、白云的衬托下煞是好看。

关于杜鹃花，还流传着一个寓言故事：

从前，天池山边住着两位姑娘，一个叫红衣姑娘，一个叫白衣姑娘。红衣姑娘穿着红裙子，长得漂亮，又善良好客。白衣姑娘一身洁白的裙子，长得娇艳，却有个坏毛病，冷漠自私。

有一天，一只金龟子飞来，落在白衣姑娘家门口，说："白衣姐姐，天将晚了，我可不可以在你家住一晚上，明早就走？"

白衣姑娘见了金龟子，她摇一摇头，说："不行，我家住不下了。"心想：你是从粪堆里爬出来的，别把我的白裙子给弄脏了。

金龟子伤心地走了，去了红衣姑娘的家，就住下了。

又有一天，一只黄蝴蝶飞来，在白衣姑娘家门口，她遇上了暴雨，也要借宿。白衣姑娘摇头，说："不行，我家小，住不下了。"她又担心，黄蝴蝶把她洁白的裙子给弄脏了。黄蝴蝶又去了红衣姑娘家，住下了。

这样，次次来客，两姑娘对客人态度不一样，一者拒之门外，一者开门接纳。春去夏来，二者生活无恙，天上的白云依然飘动，山间的清泉仍然歌唱。可一到秋天，白衣姑娘的花儿早已凋谢，枝叶上什么也不长。红衣姑娘呢，她好客，接受他们不少花粉，花开之后，枝叶上果实累累，沉甸甸的。

所以，天池山春天的红杜鹃花多，满山红遍；而白杜鹃花呢，就只有山崖上那么几枝，临风摇曳。

浙江红山茶

在道场边还有一棵树，名叫浙江红山茶。浙江红山茶是一棵珍贵观赏树种，体态秀丽，叶形雅致，花色艳丽，花期可达 5 个月。

1994—1995 年，黄龙寺建大雄宝殿前有几棵珍贵的蜡梅、桂花树、山茶树，园林部门决定将它们移植到天池寺。

当年负责移植的夏所长说：移植过程不易，一是道路车辆不通，在天池寺大门前都是青石板路，需要人力肩扛手抬；二是移植时须把根部的土保存，于是我让工人用草绳包根，包了又包，又叫民工上下车轻轻地搬放，茶花树才成活了。

浙江红山茶
张毅／摄

树高：5 米
胸围：1.29 米
树龄：100 余年

如今20多年过去，移来的树，仅剩浙江红山茶尚在。

雷公鹅耳枥

雷公鹅耳枥，一种高大乔木，是桦木科鹅耳枥属植物。

鹅耳枥，是一种硬木树，又称铁树。全球大概有30~40种，主要分布在北半球的温带地区，东亚分布最多，尤其是中国。我国有25种原种以及15种变种，分布于东北、华北、西北、西南、华东、华中及华南。欧洲仅有2种，北美东部仅有1种，美洲中部也仅有1种。

有些鹅耳枥树种已经成了濒危树种。比如我国浙江舟山普陀山岛上的"地球独子"普陀鹅耳枥，野生植株全球仅此一棵，曾上天宫一号育种。雷公鹅耳枥是鹅耳枥树种中的稀有品种，且景观价值较高且少见。在庐山却比较特殊，文殊台西天池小石坊下竟然生长着一古雷公鹅耳枥树群落，有22棵，十分珍贵。

鹅耳枥
张毅／摄

树高：35 米
胸围：4.14 米
树龄：400 余年

马尾松

天池山海拔 900 米左右，与汉阳峰相差近 500 米。这里具有独特的小气候，生态环境优越，植物丰富多样，还有一片马尾松林。

在庐山（海拔 800 米）的山下，马尾松漫山遍野，但在海拔 800 米以上的却很少，唯独在天池山发现这一片马尾松林。人们不禁自问：它们从何处而来？是自然遗存还是人工栽培？这有待植物学家去探索与解答。

2 长冲河畔觅名木

◎邵友光

庐山牯岭东谷有一条河，名叫长冲河。通常，河水平静清澈；暴雨时，河水湍急浑浊。河两岸多生奇木异树。

三尖杉

三尖杉，别名藏杉、桃松、狗尾松，因其果肉如小孩的浓鼻涕，本地人俗称其为"鼻浓泡树"。它是一种常绿乔木或灌木，具有很好的抗癌作用，又是国家二级保护树种，

三尖杉
张毅／摄

树高：10 米
胸围：1.6 米
树龄：1000 余年

处于濒临灭绝状态。

以前，林赛公园有一大片三尖杉林。这些三尖杉没有一棵是直立的，都是扭曲变形的。其树干苍劲，树色酱红，树叶尖细葱绿。春天时，叶子上会挂着一条条长长的白丝，丝上垂吊着一个个黄色的小肉虫子，随风摇摆。小孩子们见了既喜欢又害怕。林赛公园还是当年小孩子们摘野果的好地方，因为秋季一到，三尖杉的树梢上会长出一颗颗紫红色的果子，甜酸可口的，小孩子喜欢。如今林赛公园仅剩下两三棵三尖杉了。

除林赛公园外，庐山其他地方也有三尖杉古树。据《庐山古树》画册统计，在庐山有三处三棵，分别是：大厦分叉路口一棵，胸围 1 米，高 9 米，树龄 250 余年；植物园树木园一棵，树龄 200 余年；马尾水九峰寺一棵，树龄 1200 余年，据说为唐代中期建寺时残存的遗物。马尾水九峰寺这棵古树，应为庐山三尖杉最老的树，十分珍贵。

皂荚树

皂荚树，又名皂角树，一种落叶乔木，是中国特有的苏木科皂荚属树种之一。它们生长缓慢且寿命长。

山下很多，山上少见，山上十五号桥（水泥桥）旁边有一棵。据《庐山古树》记载，该树树龄有 200 多年。

皂荚树结的果实叫皂荚子，也叫皂角子。在计划经济时期，肥皂供应紧张，居民会摘一些皂角子捣碎浸泡，用来洗衣服，当肥皂使用。

据老园艺师苏湘桂说：山下的皂荚树多，而山上少。迄今为止，在十五号桥边，它是唯一的一棵野生皂荚树。《庐山古树》画册记载，它有 200 多年树龄（庐山牯岭开发历史才百余年）。这棵树应该不是人工栽种，因为人工不会仅种一棵。如果是野生的，那它的种子又从何处而来？它的种子很重，风儿一般飘不远，很难吹到山上。而且，它的果汁苦涩，鸟儿不喜食，不会衔它的种子。此外，旧时这里道路不通，

皂荚树
张毅／摄

人迹罕至。那它为何会生长在这里？这也是一个谜团，恐怕植物学家也难以解释。

四照花

四照花，别名石枣、羊梅、山荔枝，是一种落叶半乔木。

在牯岭老十五号桥头有一棵，曲伏于河中，主干皮黄，冠幅如伞。果实成熟时呈紫红色，可酿酒，也可生食，酸甜有渣，它是当地孩子们喜食的山中野果，当地人叫它"牛奶头"。每到秋天，枝头如球的果实熟透了，便招惹飞鸟不断。飞鸟啄食飞走后，地上便果落一片。

枫杨

从前，长冲河两岸的枫杨树很多很多。枫杨，当地人叫它河柳。

当年它多作为行道树栽种，耐寒、耐水、可挡风。

《庐山续志稿》记载，在 1938 年日寇封锁庐山时，抗日孤军将士常摘些柳叶，晒干做成烟叶，以充烟草。

在困难年代，饥饿的孩子们经常摘一些河柳的柳叶，捣碎，然后放进河水中药鱼。这是他们惯用的捕鱼方式。通常在秋天，三五个逃学的孩子，来到枯水期的长冲河，他们各有分工，有的在河边挖草坯，有的在采柳叶，有的把柳叶用石头捣碎，还有的筑"水坝"、舀水。他们先是堵住上游的流水，形成一个积水潭，再慢慢舀掉里面的水，最后把捣碎的柳叶投放在潭中。不一会儿，小潭中就有鱼儿，蹦跳着，五颜六色，大大小小，随后翻白。水面上如开了锅似的翻滚起来。此时，三五个人全部下水，忙着捉鱼儿，放在小水桶里。这是他们最开心的时光。

如今，长冲河的河柳日趋见少。据统计，上中路还有两棵，树龄约 200 年；东谷中路有 4 棵，树龄约 250 年；庐山大厦的路边有 1 棵，树龄约有 250 年。

粉叶柿

粉叶柿古木，在林赛公园有一棵。近些年发现，此树树心已空。园林部门已经把树洞封闭保护起来了。在山下也有粉叶柿，在付家山对面有一棵。

粉叶柿，其实就是野柿子。这种野柿子比家柿子小，它圆圆的，橙黄色。以前，一到秋天，满树果实累累。此时，孩子们常常爬上树摘柿子，或摇晃树枝，一摇果实就零星地落下地来。刚摘下的野柿子，涩口难吃，需要存放几天，沤黄催熟，等到软软黄黄时才好吃。

粉叶柿

山核桃

山核桃在长冲河畔的庐山宾馆后面，原有两棵，有一年遭冰雪压倒一棵，现仅存此一棵。如今它长势良好，枝繁叶茂，果实累累。

关于庐山有年岁的山核桃树，最有名的在黄龙庵附近一大片森林中。据住在马耳峰的吴老说，这林中山核桃树共有 14 棵，棵棵高大挺拔，有 20 多米高，每年秋天结果。他说，这 14 棵树，一般人只能见到 13 棵。还有一棵在庐山林中何处？吴老却秘而不宣，因为这棵树实在是太珍贵了，所结的果实颗颗可以制作成高档的文玩。

山核桃树

3 长在树上的棍子糖

◎钟雪莹

枳椇
章蜜 / 摄

　　庐山上有一种树，小时候我们不知它的名字，由于它的果实甜，形如棍子，所以叫它棍子糖，也有人叫它拐枣。

　　20 世纪 70 年代，食糖供应紧张，我母亲说她那时候年龄小，而小孩都特别渴望吃糖。有一次，母亲咳嗽，外婆买回来一小瓶甜水，还没来得及叮嘱就上班去了。三个舅舅照看他们最小的妹妹（我的母亲）。先是大舅发现这个糖水瓶，打开，喝一口，甜的；二舅也喝一口，甜的；三舅也要喝。你喝我喝，三人把这一瓶全喝光了，反倒生病的母亲没喝到一口。等外婆回家，发现全喝光了，剩下一空瓶，气得将三个舅舅打了一顿。外婆说："这是买给你们小妹治咳嗽喝的药——咳嗽糖浆，给你们喝光了！"

　　那个年代，没有糖吃的岁月，小孩们喜欢在山上摘野果吃。

有一棵树，秋天里，叶子全落了，满树枝杈，长满了一串串的拐木，摘下来，吃一口，很甜很甜。

那年，我们家山旁有几棵拐枣树。到秋天，高大的树上结满了迷人的果实。一串串树果在秋日的微风中渐渐成熟。其诱人的色彩总能引来许多爱吃的孩子。孩子们徘徊在这棵棵树下，树太高大了，孩子们总希望能掉几串下来。

后来我们才知道，它的学名叫北枳椇，是一种落叶乔木。如今，拐枣树渐渐少了。

拐枣在我国栽培利用历史久远。早在《诗经·小雅》中就有"南山有枸"的诗句。"枸"是什么呢?《本草纲目》里又把"枸"称作"枳椇"。

枳椇
章蜜 / 摄

202

4 桃花源的四季香樟

◎童颖冰

庐山西南麓的康王谷，相传是陶渊明笔下的"桃花源"。这里有陆羽品水的谷帘泉大瀑布，还有陶氏后裔的古陶村，陶村中有一棵千年古樟。

有桃花源、大瀑布、古樟的康王谷，仿如人间仙境。

一年四季，古樟伫立村口，看着游人慕名而来，或敬慕陶渊明，探寻桃花源；或品尝陆羽之茶，观看谷帘泉瀑布水。此地逐渐成为人们念念不忘、时时寻觅的安心之处。

春天

春日，枝干遒劲的古樟树吐露新芽，樟香扑鼻，一派生机。它历经千年的岁月沧桑，荫蔽着树下的村庄，见证了千古流传的陶渊明文化，生生不息。

陶渊明在《时运》诗中云："迈迈时运，穆穆良朝。袭我春服，薄言东郊。山涤余霭，宇暖微霄。有风自南，翼彼新苗。洋洋平泽，乃漱乃濯。邈邈遐景，载欣载瞩。人亦有言，称心易足。挥兹一觞，陶然自乐。"

诗中描写了诗人暮春出游的情景。时光迈进，温煦的季节来临，陶渊明穿上春天的服装，去到那东郊踏青。山峦间缥缈的烟云已被涤荡，天宇中还剩一抹淡淡的云。清风从南方吹来，一片新绿起伏不停。长河已被春水涨满，可漱漱口，再把手脚冲洗一番。眺望远处的风景，看啊看，心中充满了欢喜。人但求称心就好，心意满足也并不难，喝干那一杯美酒，诗人自得其乐，陶然复陶然。

而今，村民们在樟树下，溪涧边，筑台品茗，别有洞天，超然于物外。在淡雅而悠然的田园山水中，白云悠悠，空气清新。人们或独游山水，或三五成群，来到此处，心静下来，呼吸畅快起来。在古樟下清风中的对话，敞亮且发自于肺腑。这里成为现代人心目中的"桃花源"。

夏季

　　夏天的古樟枝叶繁茂，在村口伸出巨臂，静候着来人。

　　古樟主干参天，枝干遒劲，蓊郁青翠。

　　千年前，陶渊明隐居田园，他在《归园田居（其一）》中云："少无适俗韵，性本爱丘山。误落尘网中，一去三十年。羁鸟恋旧林，池鱼思故渊。开荒南野际，守拙归园田。方宅十余亩，草屋八九间。榆柳荫后

香樟
童颖冰 / 摄

檐，桃李罗堂前。暧暧远人村，依依墟里烟。狗吠深巷中，鸡鸣桑树颠。户庭无尘杂，虚室有余闲。久在樊笼里，复得返自然。"

陶渊明说，我少小时就没有随俗气韵，自己的天性是热爱自然。偶失足落入了仕途罗网，转眼间离田园已十余年。笼中鸟常依恋往日山林，池里鱼向往着从前的深潭。我愿在南野际开垦荒地，保持着拙朴归耕田园。绕房宅方圆有十余亩地，还有那茅屋草舍八九间。榆柳树荫盖着房屋后檐，争春的桃与李列满院前。远处的邻村村舍依稀可见，村落里飘荡着袅袅炊烟。深巷中传来了几声狗吠，桑树顶有雄鸡不停啼唤。庭院内没有尘杂干扰，静室里有的是安适悠闲。久困于樊笼里毫无自由，我今日总算又归返山林。

而今，在陶村与友人们相聚，村里的生活又唤起对陶诗意境的回归。山风阵阵，香樟树周边的花儿在月光下更显娇艳。餐桌上，蔬菜是自己地里种的，美酒是陈放多年的老酒。山人待客真挚又醇厚，不需多言。一缕缕陈年酒香，在美食中聚集又弥散。大家无拘无束，乐享与天地相通的无尽美妙。

秋天

秋天，青山苍翠，层林渐染。桃花源以自身无尽的玄妙展示出无穷的意趣。

村边的古樟依然巍然挺立，枝叶遒劲，郁郁葱葱。

在古香樟树下止步停留，不禁想起陶渊明《饮酒（其五）》。诗云："结庐在人境，而无车马喧。问君何能尔？心远地自偏。采菊东篱下，悠然见南山。山气日夕佳，飞鸟相与还。此中有真意，欲辨已忘言。"

诗人即便把房屋建在人来人往之地，他也不会受到世俗交往的喧扰。有人问为什么呢？他认为只要心中所想远离世俗，自然就会觉得所处僻静了。他在东篱下采摘菊花，远处的庐山悠然映入眼帘。傍晚暮气在山间缭绕，景致甚美，飞鸟群群结伴而还。这心中美妙的感觉，他欲说时又忘记该如何表达了。

在品读陶诗时，美好境界再次浸染人们心中。人们纷纷来到在桃花源中感悟人生意趣，在古樟树下寻找着这份美好。而寻找本身也成为一种幸福。

冬日

冬日，桃花源飘雪了，大地白茫茫一片。大雪盖在香樟树顶，仿佛给古樟戴上了一顶厚棉帽子。

一缕梅香从离香樟树不远的梅林飘来。抚梅收雪，煮水烹茗，听水火相战，如闻松涛之音。陶渊明《蜡日》诗云："风雪送余运，无妨时已和。梅柳夹门植，一条有佳花。我唱尔言得，酒中适何多！未能明多少，章山有奇歌。"在冬月蜡日，寒风萧瑟，大雪纷飞，柳吐黄蕊，梅绽白花，春色已经跃然而出，诗人喝酒唱歌，怡然自得。梅与陶公似合二为一，一个在寒风中怒放，一个在浊世中悠然。

在品味陶渊明的诗句真谛中，每一个意境，都让人寻觅；每一份所得，都让人惊喜。在桃花源，在古樟下，友人们仿佛找到了他们心中的桃花源和悠然的南山。

5 繁花馥郁灯台树

◎周庐萍 冯 艳

庐山有灯台树，每年五至六月份开花。繁花盛开时许多小花汇聚在一起，就像一个个小小灯台。

庐山山腰间、花径等多处有灯台树。

灯台树花开洁白素雅，好像一位始终怀有感恩之心的人，在默默地报答恩情。它的花语含有报答、感恩之意。

相传中国爱情的千古绝唱——"梁祝故事"的主角梁山伯、祝英台，到漫山遍野灯台树处再次"蝶化"，化身为"千盏喜灯，万朵梁祝花"。因此灯台树又被誉之为爱情树，象征坚贞不渝的爱情。在一些地方，人们对灯台树非常崇敬，即使当年没有柴火烧了，都不会轻易地去砍伐它。

灯台树花

灯台树也是园林观赏树种，它树姿优美，叶形秀丽，在庐山园林绿化中被视为珍品。花径湖边有一棵灯台树，非常优美，是花径公园最美丽的名木之一。

在庐山，灯台树既可当庭荫树，又可做

行道树。如今统计到的灯台古树仅有四棵，除湖北路一棵为百年树龄之外，其他，如芦林、上中路、黄龙庵三棵均各有 200 余年树龄。它们最高的 30 米，胸围最粗的有 1.52 米。

庐山的灯台树，春天里花朵为玉白色，如一盏盏灯台参差重叠。它们向天仰放，花香四溢，引得蜂飞蝶舞，姿态优美。有句诗描写得十分恰当："花浮碧冠聚千云，疏影层叠馥郁馨。"

湖北路灯台树
周庐萍 / 摄

树高：25 米
胸围：1.09 米
树龄：100 余年

6 九峰寺古银杏

◎彭松立

九峰寺坐落于庐山北麓的大源山下，海拔约 500 米。

这是一座充满传奇色彩的古寺。据《庐山志》记载，大源山下有马尾水谷，谷西南为九峰寺，始建于唐，经宋，盛于明，兴衰反复。

九峰寺是一座比较小的寺庙，四周林木幽深、九峰挟峙，特别清静雅致。最引人注目的当属寺侧后方三棵高耸入云的千年古银杏树。它们分立南北：北边一棵孤立，人称"媒婆树"；南边两棵如同一对夫妻牵手而立，当地人称"千年夫妻树"。三棵古银杏胸围都在 3 米以上，树高近 30 米，干空顶枯，就像三座宝塔，巍然屹立。每一棵古树下都萌生了许多小树，高的有五六米，就像是满堂儿孙环绕膝下。

旧时银杏多栽植于庭院寺庙旁。据记载，"媒婆树"为唐代建庙初期僧人所栽，"千年夫妻树"为南宋时期所种，树龄都在 1000 年以上。

如今会有虔诚的信徒和游客来到这里，暂时远离世俗的喧嚣，或在"千年夫妻树"下清心静思，或在古银杏下聆听寺庙的诵经声，或在"媒婆树"旁的状元桥上感受"腹有诗书气自华"的才气。古树、古寺、古文、古韵浑然一体，一阵山风吹来，树叶轻舞、风铃轻吟。特别在每年深秋，银杏叶黄，白果遍地，庙里僧人会用银杏果煮粥，也常有情侣来赏秋，在树下许愿。

古树见证了古刹几经盛衰，聆听了一代又一代僧人的晨钟暮鼓，守望千年，历经中国宗教文化的融合传承，以及中外文化的交流碰撞，终得今日盛世之祥和安宁。

九峰寺古银杏
彭松立／摄

7 归宗寺 "复生松"

◎叶芳菲　徐　智

归宗寺是庐山最古老的寺庙之一，迄今有 1600 余年的历史，附近丛林为庐山（山南）五大丛林之首。寺前曾经有棵古松，相传为唐代僧人智常手植，名曰"复生松"。

这棵树的来历，甚至归宗寺的命运，都与一位明代的高僧有关。

这位高僧就是达观，他与庐山有着不解之缘，一生中两度登上庐山。他第一次"过匡山，穷相宗奥义"，大有收获。因此，他在朝拜各地名刹后，又归憩匡庐。他"徘徊山南北"，流连忘返。在游览过程中，偶遇当时已经衰败的归宗寺，发现这座古刹"殿堂几败"，僧人居无定所，食不果腹，达观惋惜不已，于是他在归宗寺暂时定居，决心努力帮助归宗寺重返荣光。

归宗寺前有一棵古松，在寺庙香火旺盛时期，这棵松树一直长势良好，但在万历年间，遭遇了一场大雪后日渐衰败，其大部分枝杈也被附近的村民砍了充当柴火。寺里的僧人饥饿，也想把这棵古松砍伐卖掉用以糊口，后一乞丐施米与僧才得以幸免挨饿。达观来寺时，古树满目疮痍，奄奄一息，如同身后的归宗寺一般，即将隐没于山林之中，颓败于荒芜之间。达观立志于复兴归宗寺，抚树默默念道："如寺当兴，汝复生也。"此后，达观将松树的存亡视作寺庙兴衰的先兆，他精心培育，犹如对待亲人一般悉心照料，闲暇时甚至与古松交谈心中所想，将复兴古寺之志寄托于树。功夫不负有心人，古树终于成活如旧，"秀色视他松愈王"，归宗寺也果然重振古风，兴复如初。这棵古树应验了达观心中所念，成为达观复兴古寺的见证，因而得名"复生松"。

如今，随着归宗寺的几度兴衰，这棵松树已不复存在，但归宗寺前有一碑刻，碑文《庐山归宗寺复生松记》记载了复兴归宗寺的这一段艰辛往事。

8 百年杉廊——雷击木

◎李彦俐

2018 年 3 月 4 日，庐山。寒风伴着阴雨，使得山里的冬天更显阴冷沉闷。寂寥的山城难得看见几个人来往，旷野中偶尔会飘来几声老鸦的嘶鸣。下午四点来钟，忽然传来一声霹雳炸响，位于庐山含鄱口附近的植物园上空，刹那间枝叶木块横飞，位于荫棚处的一棵近百年树龄的日本柳杉被雷击中了！这棵直径近 1 米、树高近 30 米的参天大树被当芯劈开，炸得四分五裂，碎裂的枝叶弹射范围波及方圆几百米，附近的温室和房屋受到不同程度砸损。幸运的是，当时户外没有游客和工作人员，雷击区域没有造成人员伤亡。

在写这篇文章时，我非常好奇为什么冬天会打雷，经翻查日历发现，2018 年 3 月 4 日正是二十四节气中第三个节气——惊蛰的前一天。"一阵催花雨，数声惊蛰雷"，原来那惊天动地的炸响，是大地的悸动，是春天的始鸣。由衷地佩服古人制定的节气，真的非常精准。

雷击区域是庐山植物园的百年杉廊。十棵手植于 19 世纪初的柳杉或冷杉并肩屹立形成了树廊，繁茂的枝叶连绵如华盖遮天蔽日，土生土长的植物园人又称此处为"荫棚"，说夏天这里的温度能比烈日下至少低 5~6 摄氏度，是园子里三伏天纳凉的首选地。古人云："木秀于林，风必摧之。"此时看来木秀于林也容易招雷。被惊蛰雷击中的日本柳杉就是百年杉廊中最高的。据了解，它是先于庐山植物园（庐山植物园建于 1934 年）生长在这里的，它是植物园原址三逸乡的主人张伯烈在 1919 年种下

雷击木

的，经历雷劫时，离它百岁仅差一年。我和上海
辰山植物园的王西敏老师曾一起认真地数过它炸
裂后树干上的年轮，真是 99 岁。我一直在想，这
棵目睹了庐山植物园诞生和发展的百年柳杉，似
乎是在用它的躯干保护这片土地。大白天的惊雷，
波及方圆几百米的碎裂弹射，竟然没有伤及一人。
虽然附近有些砸损，但就雷击破坏力来讲，损伤
真是极温和的。

　　百岁于人意味着高寿，而于树却可能只是生命
的萌芽而已。庄子云："上古有大椿者，以八千岁
为春，八千岁为秋。"想想这在 99 岁变成了雷击木
的柳杉算是寿终还是早夭呢？更为让人惊叹的是，

雷击木

这株被惊蛰雷当中劈开的柳杉，向阳的半边枝干，两年后竟然又长出了新绿，那小半棵树还活着！

2018年有一档非常火爆的电视剧《三生三世十里桃花》，"历劫成仙"成为当年的热词，而在成仙必须经历的劫难中，雷火劫为涅槃重生的最高劫。雷击柳杉的劫后新生或许是这守护着植物园的百年大树在传达着什么信息。2019年3月，江西省人民政府和中国科学院在北京正式签署共建中国科学院庐山植物园协议书，标志着省院共建中国科学院庐山植物园工作正式拉开序幕。

万物有灵。百年为限的人类，如何才能与以八千岁为春秋的大椿，如何才能与春秋轮转的大自然，如何才能与浩渺无际的时空，对话？

9 牯岭的野果树

◎邵友光 张 毅

茅栗树

茅栗树是壳斗科，属小乔木或灌木，通常高可达 12 米。

二十世纪五六十年代，每年秋天的牯岭，散落的茅栗漫山遍野，树梢头上也果实累累。这时便是摘茅栗的季节了。全山居民往往成群结队，天蒙蒙亮就出发，去摘茅栗。

到了山上，天刚刚亮，莫道人行早，还有早行人，山上已经喧闹如市：一个个山头，人头攒动。

这茅栗树漫山遍野，哪一处茅栗子多呢？先得爬上一棵高树上瞭望，那一层层黄澄澄的，还没有人去的地方可能会有。下树，再得认准方向，向那边走去，又得翻山越岭。

茅栗树一般不高，小的树可在地上摘，大点的树得爬上去。当时的居民见到黄澄澄的栗子，心情往往十分激动，它们就是粮食呵！栗子有外壳，长满了一层刺毛，需要带上帆布手套摘它。栗子球有的熟透了，一个个裂开了口，如开口的石榴，在树上摇摆欲坠，摘时，得小心且轻轻地采。

摘了一棵树，又摘一棵，一般不能弄出大声响，如弄出声响，别人也会赶过来。

中午，吃点干粮，喝口山泉水，又接着摘，一直到下午，到太阳快要落山了，才喊叫着同伴，一同回家。

茅栗树
张毅／摄

茅栗子剥出籽，要装进布袋子里，荫干，这样短期内才不会霉变生虫。

茅栗子，当年是牯岭人的代用粮，熟吃可以填饱肚子。

茅栗子，又是过年时待客的珍贵点心。来客人了，放一盘茅栗子，剥开壳，黄澄澄的，生食，脆甜可口。

锥栗

锥栗，壳斗科。因它栗子呈锥形，牯岭人故称其"尖栗"。最大的一棵尖栗树，在东林寺刘家，其胸围3.67米，树高35米，树龄400余年。

听父辈们说，在新中国成立前，他们就喜欢到黄龙庵打尖栗子。他们上山之前，要准备好炒米、开水、小棉被、米袋子、扁担，因为要在二三十里地外的老庙里住下来。三五天之后，他们往往会满载而归。

到了我们打尖栗子时，应该是二十世纪七八十年代。到黄龙庵后，我们发现这一片一

锥栗
张毅／摄

片的尖栗树，蔚然成林。那一棵棵尖栗树，比肩而立，参天入云。大树粗壮，得两三人围抱。而尖栗呢，却长在"云端"的树梢头。

打尖栗真不容易，有用长竹竿挂钩子的，钩住树杈攀竿而上，有用踩板上的，徒手而登树者少而又少。

一般居民只有在树下捡，一颗颗寻找，耐心地捡拾。

那时候，只要前一晚刮大风了，邻居们就会相约，说："去黄龙庵呵，昨天起大风了，可捡到尖栗。"

尖栗如茅栗一样，可以代替粮食，也可以过年待客，算得上是珍稀的山果。

八月炸树

牯岭还有一种野果树名叫"八月炸树"，果子学名叫"八月炸"，庐山人称其为"艳泡"。这种野果长得很像香蕉，果形为橄榄形，成熟以后，会自动裂开一条缝隙，就像是被炸开的一样。

当年庐山的八月炸树有的竟然长在豺窝里。据邻居家海哥讲述：

20世纪60年代末，供销社收购香籽（一种做香料的原料），5分钱一斤。因收购价高，居民们都去采香籽，天天采。结果，近处采光了，不得不再往远一点的地方采，就这样，越走越远。

有一次，我到了白沙河边，还是没有发现香籽树，就过了河去。到河那边，我坐在树林中休息，不经意仰头一望，树下的藤子上挂着一个个如香蕉的果实。我不知其为何物，后来才知道那就是艳泡。忽然闻到一股腥臊气味，我又朝前一看，发现丛林里有一只"狗"，正睡觉呢。狗眼眯缝，它没有发现我。我寻思着，这山上哪会有家犬呢？瞬间觉得不对，莫非是豺（当地称其红毛狗）？顿时我头发便竖立了起来，两脚有些发软。不等我多想，那豺睁开了眼，立起身体。它尖嘴筒粗尾巴，红毛狗我以前见到过。哎呀，我知道情况不好，爬起身来就跑，往白沙河边跑去——同伴们就在河的对面。红毛狗也在行动了，在背后追我。林子中有沙沙的声响。我拼命地跑呵，边跑边喊："红毛狗，红毛狗……"

当我赶到河边时，发现河对岸早就有很多人在望着我。我跳进河中，再往后一望，对岸的红毛狗停止了，一对一对的眼睛，正放着幽蓝色的光。

第二天，我知道我闯进了豺窝，便约了十几个人，手拿木棍砍刀，专门去采那河边的艳泡。

到那一片林子中，红毛狗早已不在。

这树林下藤蔓所到之处，艳泡真多呵，这里三五颗，那里七八颗，个个熟透，裂开了，露着白色的果瓤。

八月炸，当年也是牯岭珍贵的野果。

山楂树

牯岭的野果树还有山楂树呢。庐山人称其果山楂为"猴子"。为什么叫猴子？是猴子们的食物，还是名字弄错了？不得而知。前几年，遇上了一位画家，他说，山楂红透的果，像猴儿的红脸，细琢磨，也像那么回事。

山楂，有粉山楂、药山楂。粉山楂好吃，药山楂就酸涩得不敢入口。

庐山的山楂树与茅栗子树同在一处，有茅栗的地方，就会有山楂。

秋天在山上，遇上了山楂树，大家往往会十分激动。满树果实累累，通红一片。一树采下来，就有一米袋子，人们往往满载而归。

山楂，不可多吃，它虽助消化，但因其是酸性食物，会刺激肠胃。

吃不完的山楂，小孩子们也有办法处理。他们用针线，把山楂一个个穿起来，如一串串佛珠，挂在手腕上，去电影院大门口叫卖：

"卖猴子呵，卖猴子……一毛钱一串。"

叫猴子？好奇怪的名字。外地人虽然听不懂，但看到红通通的"佛珠"，也乐意买。

卖十串，就有一块钱，在那时这可是一笔不菲的收入。

听老人说，当年，有外国女人在山居住时喜收购山楂，用来做果酱。据说，那叫山楂酱。

牯岭吼虎岭原有一棵山楂树王，树围足有水桶粗，可惜如今不在了。

后记

　　农历八月，正是桂花飘香的季节，又是农家收获的日子。借助这丰收的喜讯，《听风吟——庐山古树名木故事集锦》定稿。在我们搁笔掩稿之际，回顾以往，心中久久不能平静。回望成稿一路，有艰辛有喜悦，遇困惑时徘徊不前，有了领悟又一路欢歌，突飞猛进。

　　多年以前，庐山自然保护区对庐山古树名木进行实地考察，并将其成果编撰成《庐山古树》画册，于 2014 年出版，胡少昌即为主编之一。此画册将庐山大量的古树名木进行统计、归档、分类，插入了 186 幅精美图片，并进行简单的介绍。此画册是在给庐山古树名木建档立卡，是庐山古树名木的"花名册"。

　　近几年来，我们心里一直在琢磨，如果在画册的基础上，加入庐山古树名木的故事，既可以观赏古树名木照片，又可知晓相关的故事，岂不更加完美？这一想法，渐渐地就成了我们的一个共同心愿。

　　2021 年，我们特就此事请教陈政老师，得到他的鼓励和大力支持。经过多次商讨交谈，陈政老师站在庐山文化和生态与文化结合的学术高度加以肯定，并为此书取名作序。他还给此书定位、划分目录，制定写作路径，认为大致可分为三大块，即古树名木与文化名人、古树名木与民间传说和故事、古树名木其自身的审美价值。他初步肯定出版这一本故事书的可行性。陈政老师的大力支持使我们信心倍增。

于是庐山自然保护区管理局于 2021 年启动了此书的创作和编辑，我们担任本书主编（笔者注：庐山自然保护区管理局邀请邵友光同志担任主编之一），并动员全局干部职工自愿加入写作行列。

但之后不久，在写作的具体进程中，我们就遇到了不少的难题。其一，市面上出版的有关古树名木的图书，绝大部分仅做植物学的科普介绍，主编创作这类书没有范本参考，如何创作？其二，如何主编创作庐山古树名木的故事书，这些故事又从哪里来？其三，故事又将如何与古树名木有机融合？

为此我们又请教陈政老师，他提供了明晰的破题思路：首先，庐山是世界文化景观，又是文化圣山，自古以来文化圣贤、文人墨客在庐山留下了大量的诗文，这些诗文中必定有涉及庐山的古树名木；其次，庐山有得天独厚的文化蕴藏，没有模式，可自创模式，编创此书的宗旨不是介绍植物形态，不是进行植物分类，也与植物分布植物起源和植物遗传研究无关，而是介绍人与树木的关系史；最后，将古树名木一一列出，通过一首诗或一幅图或一则小小故事或一个令人心动的瞬间，为古树立传，为名木作记。

陈政老师直击写作要点的指导意见，为我们拨开迷雾，使我们豁然开朗。

果不其然，我们翻阅庐山历代文化史籍发现，文化名人留下的众多诗文，与古树名木有关联的确实不少。如晋时慧远大师亲植六朝松、简寂观陆修静手植六朝松、陶渊明宅后的五株柳树、汉末时董奉杏林、白居易赞美的庐山月桂树等，有如庐山秋天的落叶，随手可拾。随后我们实地察看，有了进一步收获，再伏案行文，于是书中就有了第一辑，关于"文化名人与古树名木"这一部分。

庐山地区自古以来，山民长年与古树名木和谐共处，留下了不少民间传说和故事。我们通过民间采访，尽量搜集相关的故事素材，再将这些故事素材及自己的想象创作融合在一起，如赛阳葛公子的传说、庐山瑞香花的故事、三石梁桂花树的故事等，编撰成第二辑，关于"古树名木与民间传说和故事"这一部分。

庐山地属亚热带季风性湿润气候，地理位置独特，可以说一方水土，养一方树，很多古树名木各有特色。我们通过描写它们的自然形态、生长的自然环境来发掘展现它们自身的审美价值和独特之处。如庐山的古银杏（三宝树之一）、赣北罗汉松王、参天的古樟王、长势良好的鹅掌楸、满山遍野的松杉柏等。于是书中又有了第三辑，关于"古树名木的自然形态"这一部分。一、二、三辑，视角在古木的历史、环境、神貌，以及其根干枝叶、花和果之间游移，但无论关注点如何地转移，均力求以故事的形式呈现，毕竟，重点在讲故事。

还有，则是"计划外的收获"。在大家创作的文稿中，有部分年轻人因仰慕圣贤，观赏古树名木而写下了一篇篇游记。于是，书中又有了第四辑，关于"古树名木与当今年轻人的各种对话"这一部分。

除少数无法分类的外，全书大致共辑为以上四个部分。

写作是一项艰苦的工作，在全体参与人员积极的努力下，书稿历经数月才一篇篇创作完成。每一篇文章的撰写，他们都要翻阅大量资料，又要四处采访，跋山涉水，走家串户，实地考察。有了资料，大家还要挑灯伏案，起草文稿，又要进行一遍两遍，甚至三遍五遍的整理和修改，使文稿辗转成为文章。全体创作人员为此书的出版付出了艰辛的劳动，功不可没，在此表示感谢！

《听风吟——庐山古树名木故事集锦》，让庐山的古树名木故事，在庐山的山山水水中，随着和煦的清风不断地传诵。

听风吟，读故事，可望为庐山新辟一条古树名木的特色游览路线。

听风吟，读故事，可望与人文圣山做少许的拾遗补阙，增光添彩。

听风吟，读故事，可望增强广大民众对古树名木的保护意识。

听风吟，读故事，可望在不久的将来，它的姊妹篇《听风吟——庐山花鸟虫鱼故事集锦》的出版，在庐山的大地上随和煦的清风再一次传诵。

这可能是我们又一个放飞的梦想吧！

最后，感谢庐山国家级自然保护管理局各级领导的热情关怀，感谢陈政老师在学术上的悉心指导；感谢出版社和参与改稿审校的各位学者、专家，以及以各种方式关心过此书的广大朋友们。此书虽已付梓，但肯定还有不少不当之处，甚至错误，望广大读者批评指正。

胡少昌　邵友光